인공지능 시대를 선도하는 청소년의 필수 융합 교양

십 대를 위한 SW 인문학

두일철, 오세종 저

YoungJin.com Y.
영진닷컴

인공지능 시대를 선도하는 청소년의 필수 융합 교양

십 대를 위한 SW 인문학

Funding: This work was supported by the Ministry of Education of the Republic of Korea and the National Research Foundation of Korea (NRF-2021S1A5A8065934)

ISBN : 978-89-314-6772-7

독자님의 의견을 받습니다.

이 책을 구입한 독자님은 영진닷컴의 가장 중요한 비평가이자 조언가입니다. 저희 책의 장점과 문제점이 무엇인지, 어떤 책이 출판되기를 바라는지, 책을 더욱 알차게 꾸밀 수 있는 아이디어가 있으면 팩스나 이메일, 또는 우편으로 연락주시기 바랍니다. 의견을 주실 때에는 책 제목 및 독자님의 성함과 연락처(전화번호나 이메일)를 꼭 남겨 주시기 바랍니다. 독자님의 의견에 대해 바로 답변을 드리고, 또 독자님의 의견을 다음 책에 충분히 반영하도록 늘 노력하겠습니다.

이메일 : support@youngjin.com
주　소 : (우)08507 서울특별시 금천구 가산디지털1로 128 STX-V타워 4층 401호

파본이나 잘못된 도서는 구입하신 곳에서 교환해 드립니다.

STAFF

저자 두일철, 오세종 | **총괄** 김태경 | **진행** 서민지 | **디자인·편집** 김소연 | **영업** 박준용, 임용수, 김도현
마케팅 이승희, 김근주, 조민영, 김민지, 김도연, 김진희, 이현아 | **제작** 황장협 | **인쇄** 제이엠

머리말

"메타버스 시대, 미래를 디자인하는 창의적 상상력"

메타버스 시대에서 창의적 상상은 왜 중요할까요? 지금까지 인류가 거쳐온 역사를 돌아보면 기술 진보와 미래 예측은 언제나 창의적인 시각에서 시작되었습니다.

1800~1900년대에 상상한 2000년대 생활상이 담긴 엽서

100년 전에 상상한 2000년 모습,
"허황된 몽상이 아니라 미래를 꿰뚫었다."

미래의 모습을 담은 이 그림들은 과학적인 예측을 바탕으로 그려진 것이 아니라 당시 미술가들이 접한 기술을 기반으로 상상력이 더해진 그림입니다. 18세기, 인간 문명은 산업혁명이라는 큰 흐름을 마주하며 커다란 변화를 겪었습니다. 이후 1900년대 프랑스에서는 그 시기를 기점으로 상상한 2000년의 변화된 생활상을 주제로 공모전이 열렸습니다. 이 공모전에서 당선된 작품들은 모두 우편 엽서로 발간되었고 프랑스 파리의 만국 박람회에 전시

되었습니다. 그중 대표적인 수상작은 '100년 후 미래에는 병원균을 방역할 수 있을 것'이라고 전망했는데 그러한 예측은 현재의 팬데믹Pandemic 상황과 유사합니다.

이 엽서의 그림들을 각각 살펴보면 날개를 부착해 하늘을 날고 있는 사람들, 개인 비행기를 타고 오페라를 보러 가는 저녁 시간, 하늘을 날며 불을 끄는 소방관, 전화를 걸면 수화기 너머에 영상으로 비치는 상대방의 얼굴, 미용사 대신 손님의 머리를 손질하는 기계, 헤드셋을 이용해 학습하는 교육 환경 등 오늘날 우리에게 낯설지 않은 모습들이 담겨 있습니다. 즉, 100년 전에 상상한 2000년대의 모습은 허황된 몽상이 아니라 미래를 꿰뚫어 본 깊은 통찰임을 알 수 있습니다. 우리가 이 그림에서 엿본 당시 사람들의 놀라운 상상력은 현대 생활상을 예견하고 있으며, 이러한 사실은 미래 예측을 위해 더 많은 상상과 미래 이야기가 필요하다는 것을 증명합니다.

문화기술의 '미래 비전', 미래를 향한 가능성을 열어 가는 창의적 상상

창의적 상상은 신기술, 신상품 개발의 출발점이 됩니다. 상상에서 시작된 제품 및 기술 개발의 영상기획은 외형상 매력도를 높이는 치장의 역할을 넘어, 상상력과 창의성을 기반으로 미래의 지향점을 제시하고 소비자 패턴 분석과 잠재 욕구를 찾는 방법으로 사용됩니다. 실제로 '미래 비전'이 발표된 지 10년이 지난 시점에서 확인해 보니 당시 제시되었던 기술 중 80% 이상이 상용화되었다고 합니다. 80%의 적중률, 이는 기획자들이 예측을 잘해서였을 수도 있지만 다른 측면으로 생각해 보면 상상에서 영감을 얻은 과학자와 엔지니어들이 기획연구를 실행했기 때문이라고도 볼 수 있습니다. 미

항공우주국NASA의 우주 엘리베이터를 그 예로 들 수 있습니다. 공상과학 소설가 아서 C. 클라크의 상상력은 대체로 과학 기술을 20년 이상 앞서갔고, NASA는 그의 1997년작 소설 《3001 최후의 오디세이》에서 나오는 우주 엘리베이터 건설 이야기에서 영감을 얻어 '나노 튜브를 이용한 우주 엘리베이터' 건설 가능성을 연구했습니다.

우리가 원하는 미래와 미래 직업이 무엇일지 그려보기 위해서는 먼저 인간의 심리와 욕구라는 근본적인 요소를 조사해야 합니다. '인간의 심리와 욕구, 그에 따른 필요'는 과학, 기술, 문화의 발전을 이끄는 근본적인 동기가 되기 때문입니다. 즉 미래에 어떠한 일이 일어날까 예상하는 것은 우리가 무엇을 원하는지를 알아내는 것에서 출발한다는 뜻이며, 미래학자들은 '미래는 예측하는 것이 아니라 함께 꿈꾸고 만들어 가는 것'이라고 말합니다. 그리고 그렇게 구체적으로 상상한 꿈들을 눈앞에 실현하기 위한 도구가 바로 우리의 미래 기술이 됩니다.

청소년을 위해 다시 쓴 《인공지능 시대의 문화기술》

이 책은 지금까지 13,000명 이상의 대학생들이 학습한 인문학·소프트웨어 융합 인기 강의의 교재인 《인공지능 시대의 문화기술》을 청소년 눈높이에 맞게 고쳐 쓴 책입니다. 한국출판문화산업진흥원에서 주최하는 2022년 세종도서 학술부문에 선정되는 등 철저히 검증된 도서의 내용을 기반으로, 청소년에게 인공지능 기술의 발전, 미래 전망에 관한 통찰을 더욱 쉽게 전하기 위해 수차례 수정을 거쳐 《십 대를 위한 SW 인문학》을 새로 펴냈습니다.

이 책이 세상에 출간되기까지 격려와 더불어 아낌없는 지원을 해주신 영진닷컴 관계자들께 깊은 감사의 마음을 전합니다. 기획 제안서를 검토해 주시고, 저자가 원하는 방향으로 집필에만 전념할 수 있도록 도와주신 영진닷컴의 서민지 님께 감사의 마음을 전합니다. 또한, 한국외국어대학교의 김나영 연구원, 김동현 학생에게 감사함을 표합니다. 한 권의 책이 세상 밖으로 나오기까지는 수많은 사람의 시간과 노력이 필요합니다. 많은 노고가 스며들며 귀하게 만들어진 책인 만큼 이 책을 선택한 독자 분들도 다양한 내용을 알차게 학습할 수 있으리라 확신합니다. 상상력이 풍부한 융합인재 성장과 미래 진로 선택의 길잡이 역할을 하는 이 책을 통해 개인, 기업, 국가의 경쟁력 유지와 확보를 위한 전략의 출발점을 체험할 수 있을 것입니다.

"청소년 여러분, 십 대의 상상은 언제나 우리 사회의 미래가 되어 왔습니다.
창의적인 시각으로 미래를 디자인하고 그 상상을 현실로 변화시키세요.
여러분의 상상이 이끌어 갈 미래를 기대하며 늘 응원하겠습니다."

두일철, 오세종 교수

추천사

단순 '코딩 교육 의무화'는 의미가 없습니다. 코딩 교육의 핵심은 컴퓨터적 사고력을 길러 문제 해결 능력을 향상시키는 것입니다. 문제 발생 시 사실과 대안을 확인하고 원인을 분석하여 다양한 해결 방안을 제시하는 능력을 키워야 합니다.
지금부터는 코딩 수업과 인문학을 연결해 주는 IT 지식을 먼저 교육해야 합니다. 이것이 '디지털 인문학'의 시작입니다. 청소년들이 디지털 인문학을 배워 '융합인재'가 된다면 글로벌 빅테크 기업을 창업하거나 운영할 수 있는 힘이 생길 것입니다.

쿠루미 타카오카 인천광역시 연수구 연화초등학교 5학년 학부모

사회경제적 구조 변화와 기술 진보에 따라 미래 직업세계 변화가 가속화할 전망입니다. 인공지능 등 지능정보 기술이 모든 산업에 접목될 것으로 예상되는 가운데 본 서는 특정 산업과 직업 가릴 것 없이 미래를 살아가는 우리에게 필요한 디지털 지식과 혜안을 알기 쉽게 제시하고 있어 변화하는 사회를 이해하는 데 아주 유익합니다.

김중진 한국고용정보원 미래직업연구팀 연구위원

문화콘텐츠 산업의 핵심이 되는 문화기술의 다양성과 영상미에 관심을 기울여야 합니다. 한국형 문화콘텐츠 개발은 다양한 영역의 산업들과 균형 및 조화를 이룰 수 있습니다. 개인에게 문화기술은 상상력, 창의성, 잠재력의 발휘를 가시적으로 보여 줄 수 있습니다. 이것이 바로 세계인들이 찾는 K-콘텐츠의 시작입니다. 다양한 분야의 사례뿐만 아니라 문화콘텐츠 기업의 조직문화를 쉽게 이해할 수 있어서 청소년들의 직업 선택에 도움이 될 것입니다.

이창기 서울시문화재단 대표이사

기업 운영 및 사업에 있어 정보 통신 시스템을 기반으로 한 신속한 의사 결정 및 정보 공유는 매우 중요합니다. 신속하고 올바른 의사 결정 방법으로 방대한 정보를 정확하게 분석하는 데 AI와 데이터의 활용은 필수적인 요소라고 판단이 됩니다. 생산성과 효율성 향상에 AI를 활용하는 시대가 되었습니다. 본 서의 저자는 독자가 현재의 정보 통신 기술, 그리고 미래 기술 트렌드를 읽을 수 있도록 실제적인 예시와 함께 설명을 이해하기 쉽게 담았습니다.

김대영 주식회사 슈피겐코리아 대표

급속한 문명의 발전에 따라 그 안의 인간도 진화합니다. 요즘 청소년들은 기성세대보다 신기술과 새로운 트렌드에 대한 적응도 훨씬 빠릅니다. 이제는 다루어야 할 어떤 주제가 성인과 청소년 세대별로 다르지 않게 됐다는 의미입니다. 하지만 청소년들을 대상으로 한 책이라면 좀 더 세심한 배려가 필요합니다. 누구나 흥미 있게, 그리고 쉽게 접할 수 있는 구성입니다. 깊은 주제와 이해하기 쉬운 구성이라는 그 두 마리 토끼를 잡은 것, 바로 이 책입니다.

유호상 테라노바 대표

코로나19 이후로 학교 교육에 메타버스가 화두가 된 상황에서 이 책은 저희 학생들이 가장 많이 사용하고 있는 메타버스 플랫폼을 선별하여 활용 방법을 친절하게 담고 있습니다. 학생들의 흥미를 끌며 IT 지식을 쌓을 수 있도록 돕는 두 캐릭터의 소크라테식 질문법을 통한 쉬운 접근이 특색있고, 학교 부교재로 사용해도 좋을 것 같다고 생각합니다. 우리 학령기 학생들이 메타버스 세상을 경험하는 데 친절한 바이블이 될 것입니다.

김민서 서울 월곡중학교 교사, 초등학교 5학년 학부모

미래를 미리 살펴보는 책입니다. 차가운 머리와 뜨거운 가슴이 씨줄과 날줄로 잘 엮여 있습니다. 특히 문화예술을 꿈꾸는 청소년들에게 좋은 길잡이가 될 것입니다. 행복한 미래를 준비하는 책입니다.

김정환 (재)부천문화재단 대표이사

'상상이 현실이 되는 미래, 얼마나 설레는 세상인가.' 우리가 어릴 때는 그저 상상에만 그치거나 영화에나 나올 법했던 일들이 이제는 내 손안에서 모두 이루어지는 현실입니다. 이 책은 세상이 너무나 빠르게 변화하는 시점에서 가끔은 어렵게 느껴지는 부분들을 남녀노소 할 것 없이 누구나 전문적인 지식이 없어도 쉽게 이해할 수 있게 설명합니다.

김상연 일요신문사 기자

기술이 사회를 변화시키는 것도, 사회가 기술을 이끌어 내는 것도, 그 중심에는 항상 인간의 요구Needs와 욕구Wants가 작용합니다. 이에 비롯하여 우리는 기술 기반 사회에서 미래 가치는 무엇이고 어떻게 실현할 수 있으며 무엇을 준비해야 하는지에 대해 고민하게 됩니다. 이 책을 보면 미래를 읽는 트렌드와 그 과정에서 인간의 본질과 역할은 어떠해야 하는지에 대해서 알게 됩니다.

노준석 한국문화예술교육진흥원 사회예술교육본부장

현실과 가상의 구분이 점점 옅어지는 메타버스 시대를 빅데이터라는 원자재와 AI라는 제작 도구로 만들어 가고 있습니다. 빅데이터와 AI는 메타버스를 사실적으로 구현할 수 있게 하고 풍성하게 합니다. 이 책은 청소년들이 빅데이터와 AI를 익히고 이해할 수 있도록 도와줄 뿐만 아니라 현실감 있는 메타버스를 위한 상상력을 키우고 만드는 데에도 도움이 됩니다.

전채남 더아이엠씨 대표이사

코로나19 이후 우리 사회에 메타버스 시대가 부쩍 다가오며 메타버스 그 자체가 하나의 산업으로서 성장하고 있습니다. 하지만 아직은 청소년이 메타버스 관련 정보를 손쉽게 활용하고 다루기 어려운 현실입니다. 이 책은 사막의 단비처럼 청소년이 메타버스에 한 발짝 더 다가설 수 있는 계기를 만들어 줄 것입니다.

박찬수 강원도 원주시 샘마루 초등학교 교사

2002년 상암 월드컵경기장에 그려진 "꿈은 이루어진다"를 떠올렸습니다. 인간의 상상이 창의로 이어지고 그 상상과 창의가 기술과 산업으로 실현되어 궁극적으로 인간의 삶을 바꾸는 원천이 된다는 일련의 과정을 다양하고 흥미로운 사례를 통해 알기 쉽게 풀어낸 좋은 책입니다. 꿈을 위해 공부하는 학생들뿐 아니라, 더 나은 미래를 꿈꾸는 우리 모두가 한 번은 읽어 볼 만한 잘 쓰인 책입니다.

고경선 카카오모빌리티 광고 사업

아주 먼 옛날부터 아이들의 엉뚱한 생각이 미래를 바꿔 왔습니다. 지금은 메타버스, 인공지능 등의 거대한 혁명이 다가오고 있는 상황으로, 긴 시간 동안 변화는 시작됐고 새로운 일들이 일어나고 있습니다. 이 책은 우리 아이들의 창의성을 높이는 데 길잡이가 될 것이며 '메타버스 및 인공지능 시대, 엉뚱한 생각으로 미래 사회를 디자인하는 창의적 상상력'을 키우는 데 도움을 줄 것입니다.

공정배 (전)한양대학교 문화콘텐츠학과 겸임교수, 상우고등학교 교장

베타 리더의 말

기술이 발전함에 따라 점차 상상이 현실이 되는 속도가 매우 빨라지고 있습니다. 기술 자체에 대한 이해와 더불어 여러 기술이 우리 삶에 스며드는 환경에서 우리가 어떠한 자세를 가져야 하는지 역시 매우 중요합니다. '닥터봇'과 함께 상상이 현실이 되는 과정을 다 같이 즐기면 좋겠습니다!

김동현 한국외국어대학교 일반대학원 국제경영학과 경영정보전공 석사과정

메타버스의 정체성에 대해 혼란스러운 것은 기성세대뿐만은 아닐 것입니다. 이를 단순히 현상으로 접하고 있을 십 대들이 메타버스가 기반한 기술을 이해하고 창조적 미래를 생각할 수 있는 도서입니다. 특히 웹소설이나 웹툰 등을 통해 익숙해진 대사 위주의 화법과 인터페이스 등의 리터러시는 몰입을 강화하고 신선한 즐거움을 전달할 것입니다.

윤혜영 한양대학교 창의융합교육원 강사

이 책은 평범한 일상에서 늘 마주하고 있는 현실의 이야기이며, 우리가 어떤 선택을 해야 하는가를 대화 형태로 쉽게 설명해 줍니다. 변화는 누군가에게는 재앙이지만 적응하는 이에게는 새로운 기회라고 할 수 있습니다. 빅데이터, 인공지능 등 포스트 디지털 시대의 현실을 알려 줍니다.

박부원 경기문화재단 경기문화재연구원 전문연구원

현재 SW·AI 교육은 기존의 이론·지식 위주의 수업에서 탈피하여 디지털 교육 체제로의 대전환을 통한 디지털 신산업 연계 토론·탐구·체험 활동 내용이 강화되고 있습니다. 이 책은 청소년들의 컴퓨팅 사고력 향상, 디지털 경험 접근성 제고, 디지털 리터러시 함양을 비롯하여 창의적 발상, 아이디어를 추출할 수 있는 유연한 창의적 문제해결 역량 강화에 도움이 될 것입니다.

김나영 한국외국어대학교 AI교육원 연구원

이 책의 구성

메타버스 시대에서 인공지능을 학습하고 적용해 나가는 데 필요한 기초 IT 지식을 살펴봅니다. 또한 다양한 사례를 통해 기술이 우리 사회에 어떤 영향을 미치며 변화를 이끌었는지 알아봅니다.

청소년이 낯선 IT 지식에 다가갈 수 있도록 우짱(청소년)과 닥터봇(AI 로봇)이라는 두 캐릭터의 소크라테스식 문답으로 내용을 알기 쉽게 구성했으며, 다양한 이미지와 영상 QR 코드를 담아 재미있게 풀어 썼습니다.

- **1장. 메타버스가 열어 가는 미래**는 VR/AR 기술을 중점으로 메타버스 시대의 모습을 다룹니다. 증강현실로 만난 우리 집 앞 피카츄, 게임으로 만나는 메타버스 세상, 메타버스로 즐기는 엔터테인먼트, 아이템 판매를 위한 마케팅 전략에 관한 다양한 사례를 알아봅니다. 1장의 읽을거리에서는 십 대의 놀이터인 글로벌 숏폼 동영상 플랫폼 '틱톡'의 기업문화를 확인하고 창립자의 생각을 엿볼 수 있습니다.

- **2장. 미래 사회를 예측하는 빅데이터**는 메타버스 시대의 원유인 빅데이터를 다룹니다. 빅데이터의 개념 및 특징, 기업들의 다양한 빅데이터 활용 사례를 살펴본 뒤 웹사이트를 통해 빅데이터 분석을 직접 체험해 봅니다. 2장의 읽을거리에서는 '메타(구 페이스북)'의 창업자 마크 저커버그가 예견하는 미래, 세상을 바꾸는 세 가지 방법, 그리고 메타만의 독창적인 기업문화를 확인할 수 있습니다.

- 3장. 세상을 바꾸는 인공지능은 우리 주위에 숨어 있는 인공지능을 다룹니다. 알파고의 학습 방법, 인공지능 기반 문화 콘텐츠 산업과 사례를 살펴보며 인공지능이 우리 사회에 불러온 여러 가지 이슈와 'AI 윤리'를 이야기합니다. 3장의 읽을거리에서는 IT 생태계에 혁신을 일으킨 '애플'의 창업자 스티브잡스를 이해하고 애플의 철학과 창의적인 조직문화로부터 혁신의 원동력을 엿볼 수 있습니다.

- 4장. 로봇 '덕후'를 위한 로봇 지식에서는 '노예'라는 어원에서 시작된 로봇이 오늘날 마음을 읽는 로봇, 입는 로봇, 인간을 닮은 로봇으로 발전해 온 과정과 더불어 다양한 로봇의 종류를 알아봅니다. 또한 전 세계 신화와 전설에 등장한 로봇, SF 영화 속에 담긴 진실과 미래 등 문화 속에 나타난 로봇의 양상을 살펴봅니다. 4장의 읽을거리에서는 유튜브와 세계적인 검색 엔진을 운영하는 빅테크 기업인 '구글'의 창업자와 조직문화에서 그들의 성공 비결을 확인할 수 있습니다.

- 5장. 손안에 펼쳐진 모바일 세상은 스마트폰에 담긴 UX/UI와 모바일 애플리케이션을 다룹니다. 삼성전자 제품을 중점으로 UX/UI 디자인을 이해하고 광고를 통해 우리나라 휴대폰 발달 과정을 확인합니다. 그런 다음 스마트폰에서 구동되는 모바일 애플리케이션의 종류와 활용 사례, 수익 구조에 대해 자세히 살펴봅니다. 5장의 읽을거리에서는 130년을 이끌어 온 게임기 기업 '닌텐도'의 경영 방침에서 나타나는 애플과의 공통점과 차이점, 그리고 닌텐도 게임 콘텐츠 탄생의 유래와 성공 사례를 확인할 수 있습니다.

- 6장. 유튜브, 넷플릭스를 시청하는 스마트 TV에서는 전기가 영상이 되는 신비한 과학 기술과 국내외 TV 변천사, 모든 것을 결합한 스마트 TV와 OTT 시장에 관한 전반적인 내용을 살펴봅니다. 6장의 읽을거리에서는 Windows 운영체제를 개발해 개인 자산 100조 원을 넘긴 억만장자 빌 게이츠와 '마이크로소프트'의 위기, 그리고 조직문화 혁신으로 재도약한 마이크로소프트의 현황을 확인할 수 있습니다.

- 7장. 미래를 만드는 상상력에서는 미래학자들이 예측하는 미래를 살펴보고 기업 사례를 통해 십 대들이 앞으로 미래를 어떻게 상상하고 준비해야 하는지, 청소년을 위한 SW 교육으로 무엇이 있는지 소개합니다. 7장의 읽을거리에서는 전 세계적인 K-콘텐츠로 부상한 〈오징어 게임〉을 제작한 '넷플릭스'의 조직문화에서 창의적인 콘텐츠 제작의 원동력을 살피고 그들의 글로벌 콘텐츠 분업화 전략을 확인할 수 있습니다.

목차

《 캐릭터 소개 》

우짱 청소년

• **특기**: 블록 코딩으로 게임 제작, AI 드론 코딩의 자율 비행, 〈포켓몬고〉 캐릭터 도감 설명

• **취미**: 큐브(6×6) 풀기, 바둑, 수영, 피아노, 닌텐도 스위치, 〈마인크래프트〉, 카카오프렌즈 춘식이와 대화

특이사항 엄마의 요리를 무척 좋아해 집밥 먹방 콘셉트로 틱톡 채널을 운영 중이다. 토요일마다 도서관의 큰 창가 자리에 앉아 책 읽기를 즐긴다. 평소에 현재나 미래를 구체적으로 계획하지 않지만, 요즘에는 진로 문제로 고민하고 있다.

닥터봇 AI 로봇

• **특기**: 빅데이터 기반 텍스트/이미지/영상 분석으로 상대방의 감정이나 시장 트렌드 파악, 미래 사회 예측

• **취미**: AI 음악 작곡, AI 그림 그리기, 창의적인 계획과 실행, 노하우를 '문화콘텐츠화'해서 공유하기

특이사항 지혜의 여신 미네르바를 모티브로 만들어져 문화예술과 기술 분야에 박학다식하며, K-Pop을 좋아한다. AI 로봇이지만 스포츠를 통한 건강한 정신과 긍정적인 사고를 전파하고 있다.

CHAPTER

01 메타버스가 열어 가는 미래

SECTION 01

VR/AR에서 메타버스 시대로

1.1 컴퓨터가 만든 새로운 세상, 가상현실(VR)

1.2 증강현실(AR)로 만난 우리 집 앞 피카츄

1.3 가상세계와 현실이 공존하는 메타버스 시대

SECTION 02

체험 공감 확대의 메타버스 사례

2.1 증강현실 기술이 불러온 생활 속 변화

2.2 게임으로 만나는 메타버스 세상

2.3 메타버스로 즐기는 엔터테인먼트

2.4 아이템 판매를 위한 마케팅 전략

읽을거리 새로움을 창조하는 바이트댄스, 틱톡의 기업문화

〈1장. 메타버스가 열어 가는 미래〉는 VR/AR/XR 기술이 융합된 메타버스 시대의 모습을 살펴보고 오늘날 메타버스 체험의 장을 소개합니다. 이 장의 마지막 읽을거리에서는 유튜브를 능가하는 동영상 플랫폼 '틱톡'의 기업문화와 틱톡 개발자인 장이밍의 철학을 엿볼 수 있습니다.

자세히 살펴보기

- 가상현실과 증강현실의 차이를 이해한 후 게임으로 만나는 메타버스 세상, 메타버스로 즐기는 엔터테인먼트 사례를 알아봅니다.
- 새로운 경험을 만들어 내기 위한 기업의 다양한 마케팅 전략을 살펴봅니다.
- [읽을거리] 십 대의 놀이터 '틱톡'을 개발한 CEO 장이밍의 생각을 엿보고, 메타버스 시대 속에서 새로움을 창조해 내는 틱톡의 기업문화를 살펴봅니다.

핵심 키워드

#메타버스 #VR #AR #XR #가상융합경제 #경험경제 #틱톡조직문화 #틱톡개발자 #장이밍

Section 01

VR/AR에서 메타버스 시대로

1.1 컴퓨터가 만든 새로운 세상, 가상현실(VR)

우짱, VR이라고 들어 본 적 있어?

응, 물론이지! 사람들이 안경같이 생긴 VR 기기를 쓰고 게임을 하는 걸 본 적도 있고, 무엇보다 요즘엔 VR 체험을 할 수 있는 곳들이 많잖아.

그럼 VR이 무엇의 줄임말인지 알고 있니?

그 정도는 당연히 알고 있지. VR은 Virtual Reality, 즉 가상현실을 뜻하는 말이잖아!

잘 알고 있구나. 네가 말한 것처럼 VR은 가상현실Virtual Reality의 줄임말인데, 이 가상현실은 컴퓨터로 구축한 가상공간에서 시각과 청각, 촉각 같은 오감의 상호작용을 실제처럼 느끼도록 구현된 가상환경을 의미해.

한마디로 '진짜 같은 가짜 세상'인 거네. 이 말은 언제부터 쓰이기 시작한 거야?

가상현실은 사실 1955년 비행기 조종사를 훈련시키는 시뮬레이션에 먼저 적용된 개념이야. 그러다가 1980년대에 가상의 현실을 보고 느낄 수 있는 안경이나 장갑 형태의 장치를 개발한 컴퓨터 공학자 재런 러니어Jaron Lanier에 의해 대중화되기 시작했어.

너도 알다시피 가상현실은 마치 현실에 있는 것 같다는 착각을 불러일으킬 정도로 '현장감'과 '몰입감'이 뛰어나. 사람의 오감에 기반한 다양한 장비들을 통해 사람과 컴퓨터가 서로 영향을 미치며 구현된 가상공간 안에서 사용자의 '자율성'이 보장된다는 게 가상현실의 특징이라고 할 수 있지.

가상현실에도 여러 종류가 있다고 하던데, 조금 더 구체적으로 얘기해 줄 수 있어?

물론이지. 조금 더 자세히 살펴보면 가상현실은 크게 '몰입형' 시스템과 '비몰입형' 시스템으로 나뉘고, 하위 개념으로 '증강현실'이라는 기술이 있어.

그림 1-1 가상현실의 종류

몰입형 시스템
(HMD 등 몰입형 장비)

비몰입형 시스템
(Desktop VR, PC 환경)

증강 현실
(Hybrid VR)

몰입형 시스템은 HMDHead Mounted Display 같은 몰입형 장비를 머리에 쓰고 가상현실을 체험하는 시스템이야. 그리고 **비몰입형 시스템**은 데스크톱이나 모바일 같은 환경에서 직접 화면을 보며 체험하는 시스템, 즉 그래픽으로 만들어진 가상공간을 모니터나 터치스크린 같은 것을 보며 체험하는 거지. 마지막으로 **증강현실**AR, Augmented Reality은 몰입형과 비몰입형이 혼합된 하이브리드 형태의 가상현실Hybrid VR이야.

우짱

그렇구나. 그냥 듣기만 해도 VR을 만드는 데에는 엄청난 기술이 필요할 것만 같아.

닥터봇

맞아, 가상현실을 구현하려면 **구현 기술** 면에서 컴퓨터 그래픽 기술이나 네트워크 통신 기술, HMD 같은 오감을 자극하는 여러 입출력 장치 기술이 필요해. 여기에 더해 **소프트웨어** 면에선 3D 물체 모델링을 통해 물체의 표면을 표현하고 처리하는 기술이 필요하지. 마지막으로 이것을 렌더링하는 **그래픽 렌더링 시스템**이 필요한데, 렌더링이라는 건 컴퓨터 프로그램을 사용해서 모델로부터 영상을 만들어 내는 걸 뜻해. 쉽게 말하자면 웹 화면에서 3D 물체를 표현하는 과정이 포함된다는 거야.

그림 1-2 가상현실 구현 시스템

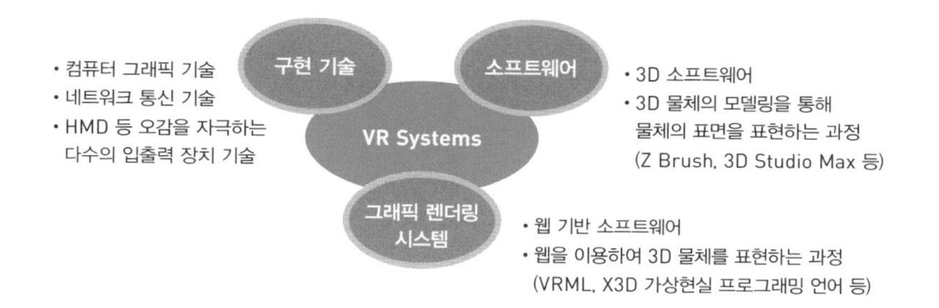

1.2 증강현실(AR)로 만난 우리 집 앞 피카츄

우짱

닥터봇, 아까 가상현실의 하위 개념으로 증강현실AR, Augmented Reality이라는 게 있다고 했지? 요즘 증강현실이라는 말을 되게 많이 들어 본 것 같아. 근데 증강현실이 하이브리드형 가상현실Hybrid VR이라는 건 무슨 뜻이야?

닥터봇

증강현실은 현실세계의 가상정보를 실시간으로 결합해서 보여 주는 기술이라서 하이브리드형 가상현실이라고 불려. 여기서 '증강'은 현실 이외에 무엇인가가 더 더해졌음을 뜻하는데, 정확히 말하면 현실과 가상이 혼합된 형태를 의미해. 실제 환경 위에 가상의 현실을 연속체로 보여 주는 거지. 모든 환경이 3D 이미지로 제작되는 가상현실과 달리, 실제 환경 위에 가상정보가 중첩되어 현실감이 뛰어나다고 할 수 있어.

우짱, 그럼 여기서 잠깐 퀴즈를 하나 내볼게. 증강현실은 언제부터 등장했을까?

우짱

가상현실이 1980년대부터 대중화되었다고 했으니까, 그럼 그 하위 개념인 증강현실은…. 1990년쯤에 등장했을까?

닥터봇

딩동댕! 우짱, 감이 좋은걸? 네 말대로 이 기술은 1990년 비행기 제조회사인 보잉The Boeing Company의 톰 코델Tom Caudell이 처음 구현했어. 정비사들이 비행기 정비를 할 때 복잡한 전선을 구분하고 수리하는 데 어려움을 겪었는데, 이를 돕기 위해 전선 실물 화면 위에 에어태그 이미지를 겹쳐 보여 준 거야. 그 덕분에 HMD를 쓰면 해당 전선의 용도, 연결 위치를 쉽게 알 수 있었어.

그러면 증강현실은 가상보다는 현실에 집중한다고 볼 수 있겠네?

그렇지. 증강현실의 특징은 가상과 현실의 조합, 즉 혼합된 현실을 기반으로 한다는 점이야. 혼합현실MR, Mixed Reality은 가상현실의 한 분야로, 실제 환경에 가상의 사물을 합성해 원래 거기에 존재하는 사물처럼 보이도록 하는 일종의 컴퓨터 그래픽 기법이야. 사용자가 실제로 보는 현실의 정보를 기반으로 알려 주는 가상세계가 하나의 영상으로 처리되는 거지. 혹시 최근에 이런 증강현실을 체험해 본 적 있니?

글쎄, 현실과 가상의 영상이라면…. 어? 이거 〈포켓몬고〉 아니야? 전에 우리 집 앞에 피카츄 나왔었는데.

그래, 지금도 많은 사람이 즐기고 있는 〈포켓몬고〉 게임을 증강현실의 예로 들 수 있어. 포켓몬이 실제 거리에 숨어 있는 것처럼 구현되어 있었지? 그러면 우리의 오감이 확장되어 더욱 생생한 현장감을 느낄 수 있어. 즉 인간의 감각이 컴퓨터가 제공하는 인위적인 환경을 느끼지 못하도록 가상에 현실과 근접한 환경을 구축하는 거야. 증강현실 기술은 현재 게임뿐만 아니라 가상수술, 모의 비행 시뮬레이션, 건축 설계 등 여러 분야에서 활용되고 있다고 해.

그런 증강현실은 어떻게 작동하는 거야?

증강현실의 작동 방식을 간단히 말하자면, 증강현실은 **❶입력 장치**와 **❷증강현실 구현 시스템**, 그리고 **❸디스플레이 장치**로 구성되어 있어.

그림 1-3 증강현실 구성 기술

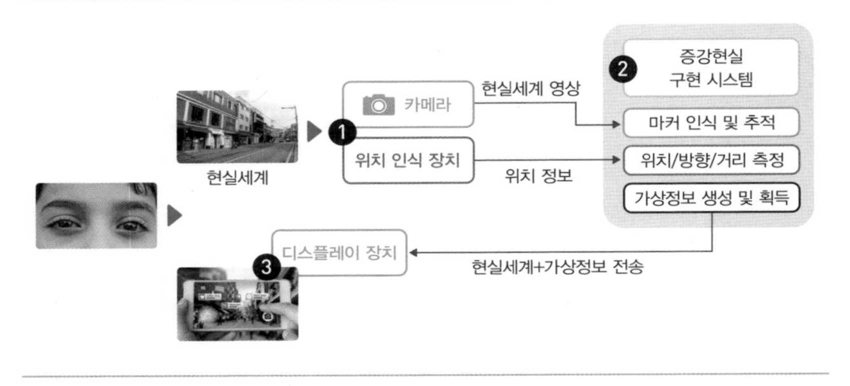

먼저 카메라나 GPS 같은 동작 인식 장치를 통해 현실의 정보를 획득하면 거기에 마커나 트래킹 같은 다양한 기술을 적용해 현실과 가상의 정보를 합치는 거야. 그리고 그걸 사람들이 확인할 수 있게 디스플레이 장치로 전송하는 거지.

우짱

마커? 트래킹? 그건 무슨 기술이야?

닥터봇

자, 생각해 봐. 현실의 정보를 얻으려면 어떻게 해야 할까? 우선 어디에서 정보를 얻을지에 관한 좌표와 기준점이 필요하겠지? 이때 좌표 역할을 하는 사각형의 마커를 그 기준점으로 인식하는 기술이 마커 기술Marker Detection Technology이야.

마커란 명확한 명암 대비로 특징 점들을 추출하기 쉽게 고안한 이미지라고 할 수 있어. 예를 들자면 체스판의 이미지나 QR 코드를 떠올릴 수 있지. 이러한 이미지는 낮은 수준의 해상도를 가진 영상 카메라를 통해서도 충분히 인식 가능한 형태로 제공돼.

그림 1-4 증강현실의 영상 처리: 마커 기술

그리고 이 방식과는 다르게 카메라로 입력된 영상에서 특징적인 점들을 포착해 그것으로 좌표를 추출해 내는 기술이 트래킹 기술 Markerless Tracking Technology이지.

그림 1-5 증강현실의 영상 처리: 트래킹 기술

우짱

아하, 그런 기술들로 현실과 가상의 정보를 합치는 거구나. 그럼 우리가 그 결과물인 증강현실을 체험하려면 어떤 디스플레이 장치를 활용해야 해?

증강현실 디스플레이 장치로는 HMD, NON HMD, 핸드헬드 장치가 있어.

그림 1-6 증강현실 디스플레이 종류

HMD

NON HMD

핸드헬드 장치

가장 대표적인 장치는 **HMD**Head Mounted Display야. HMD는 가상공간에서 강제적인 몰입 효과를 얻고 사용자의 주시 방향을 탐지해 가상환경을 변화시킬 수 있어. 하지만 무게가 상당해 착용감이 떨어지고 해상도가 낮다는 단점이 있지. 또 장시간 착용하면 멀미가 유발되기도 하지만 이 점은 점점 개선되고 있다고 해.

그리고 **NON HMD**는 HMD와는 다르게 머리에 쓸 필요가 없는 장치인데 소형/대형 디스플레이 장치로 구분돼. 소형은 무거운 HMD를 착용할 수 없는 경우에 적합해서 의료 분야에 많이 사용되고 있고, 대형은 비행 디스플레이 시뮬레이터나 3D 셔터 안경 등에 사용되고 있어.

마지막으로 **핸드헬드**Hand-Held 장치는 휴대폰이나 PMC, 휴대용 디지털 수신기, 게임기처럼 손으로 들 수 있는 장치야.

생각보다 다양한 기기로 증강현실을 체험해 볼 수 있구나. 그런데 이렇게 듣고 나니 가상현실이랑 증강현실이 어떻게 다른 건지 헷갈리는걸.

가상현실은 앞서 설명한 것과 같이 특정한 상황이나 환경을 만들어 사용자가 실제로 경험하는 것처럼 느끼게 해주는 기술이야. 오큘러스나 기어VR 같은 HMD를 끼고 완전히 그 가상세계 안에 있다고 느끼게 해주는 거지. 이와 비슷하지만 다른 개념인 증강현실은 현실세계에 3D 가상정보를 겹쳐서 보여 주는 기술이야. 즉, 가상현실과 증강현실의 가장 큰 차이점은 '사용자가 직접 현실세계를 볼 수 있느냐 없느냐'라고 할 수 있지. 다시 말해, 가상세계만 보여 주는 가상현실과 다르게 증강현실은 가상과 현실의 정보가 합쳐진 기술이라는 말이야.

1.3 가상세계와 현실이 공존하는 메타버스 시대

'메타버스Metaverse'는 요즘 정말 많이 들어 본 단어지?

응, 요즘 뉴스나 다큐멘터리에도 맨날 나오더라고. 그렇게 많이 들어 봤는데도 누가 나한테 메타버스가 뭐냐고 물어볼 때 정확히 그걸 어떻게 정의해야 할지 모르겠어. 이 혼란스러운 메타버스라는 말은 누가 처음 사용한 거야?

메타버스는 미국의 소설가 닐 스티븐슨이 1992년 《스노 크래시》라는 소설에서 처음으로 사용했어. 그는 이 소설에서 '우주Universe'에 부합하는 인터넷 기반 3D 가상세계를 메타버스라고 명명했지.

간단히 말하자면 메타버스는 '초월, 그 이상'을 의미하는 Meta와 '세상 또는 우주'를 의미하는 Universe의 합성어로, 가상세계와 현실세계가 합쳐진 세상을 의미해. 가상과 현실이 상호작용하는 가운데 인간의 사회, 경제, 문화 활동이 이루어지며 가치를 창출하는 세상이라고 할 수 있지.

우짱

그렇구나. 그런데 우리가 일상에서 메타버스라고 지칭하는 게 되게 다양한 것 같아. 앞에서 배운 가상현실과 증강현실도 메타버스라고 하고, 〈제페토〉나 〈마인크래프트〉 같은 게임도 메타버스라고 하니까 도대체 메타버스가 뭔지 모르겠어.

닥터봇

맞아, 너무 다양하다 보니 오히려 개념이 모호하게 느껴질 수 있지. 소프트웨어정책연구소에 따르면 메타버스는 구현 공간과 정보의 형태에 따라 크게 증강현실, 라이프로깅, 거울세계, 가상세계라는 네 가지 유형으로 분류된다고 해. 구현되는 공간이 현실 중심인지 가상 중심인지, 구현되는 정보가 외부 환경정보 중심인지 개인 및 개체 중심인지가 그 분류 기준이야.

그림 1-7 메타버스 유형

Augmentation

증강현실 **포켓몬고** 	라이프로깅 Wearable, NKE Plus
현실 중심: 현실에 외부 환경정보를 증강하여 제공하는 형태	**개인·개체 중심:** 개인·개체들의 현실 생활에서 이루어지는 정보를 통합 제공
거울세계 Google earth 3D Map, Tour 	가상세계 ZEPETO, Second Life SECOND LIFE
외부 환경정보 중심: 가상공간에서 외부 환경정보를 통합하여 제공	**가상 중심:** 가상공간에서 다양한 개인·개체들이 활동하는 기반을 제공

External (World-focused) / *Intimate (Identity-focused)*

Simulation

©소프트웨어정책연구소

첫 번째 유형인 **증강현실**은 앞서 본 〈포켓몬고〉 게임처럼 현실공간에 2D 또는 3D로 표현되는 가상의 물체를 겹쳐 보이게 해서 상호작용하는 환경이야. 그리고 두 번째 유형인 **라이프로깅**은 사물과 사람에 대한 일상적인 경험과 정보를 캡처, 저장 및 묘사하는 기술을 뜻해. 그다음으로 **거울세계**는 현실세계를 가능한 한 사실적으로 반영하되 정보 면에서 더욱 확장된 가상세계를 말해. 구글 어스가 거울세계의 가장 대표적인 사례라고 할 수 있어. 마지막으로 **가상세계**는 현실과 유사하거나 완전히 다른 대안적 세계를 디지털 데이터로 구축한 세계야. 즉 3차원 컴퓨터 그래픽 환경에서 구현되는 커뮤니티를 총칭하는 개념이라고 할 수 있지.

아하, 그러니까 메타버스라는 건 오늘날 디지털 세계를 포괄하는 개념인 거구나. 그런데 닥터봇, 요즘에는 메타버스 세계에서 게임도 하고 현실에 있는 물건과 똑같은 아이템도 살 수 있는데, 그럼 이건 여러 메타버스 유형이 합쳐지고 있는 거라고 볼 수 있을까?

그렇지. 메타버스의 네 가지 유형은 독립적으로 발전하다가 최근에는 상호작용하며 융·복합 형태로 진화하고 있어. 다양한 범용기술이 적용되어 구현되면서 현실과 가상의 경계가 소멸되고 있는 거야. 최근에는 유명한 패션 브랜드부터 주변에서 흔히 볼 수 있는 편의점까지도 메타버스 세계에 구현되고 있고, 심지어 현실에서 판매되는 물건과 똑같이 생긴 아이템을 메타버스 세계 내의 화폐로 거래할 수 있어.

그리고 이렇게 메타버스가 만드는 가상융합경제는 최근의 경험경제Experience Economy가 고도화된 개념이라고 해.

경험경제? 그게 무슨 말이야?

그것부터 알려 줘야겠구나. 예전에는 사람들이 물건을 살 때 제품의 질을 가장 중요하게 여겼어. 물론 지금도 제품의 질은 중요하지만, 기술 발달로 인해 제품의 질이 상향 평준화되다 보니 이제 사람들은 제품 자체보다는 다른 곳에 눈 돌리기 시작했어. 바로 그 제품을 통해서 할 수 있는 차별화된 경험과 서비스이지. 이런 추세를 일컫는 단어가 바로 경험경제야.

아하, 그러니까 '경험'에 가치를 두니까 경험경제라는 거지? 어려운 말인 줄 알았는데 사실은 엄청 직관적인 말이었구나!

맞아. 네가 잘 이해한 것 같으니 아까 얘기로 돌아가 덧붙이자면 그런 경험경제가 실생활을 넘어 메타버스 공간에서 이루어지는 가상융합경제가 앞으로 엄청난 변화를 가져올 것으로 예측되고 있어. 그게 어느 정도냐면, 미래학자 앨빈 토플러가 말했던 '제3의 물결'인 인터넷에 버금가는 혁명적인 변화일 것이라고 해.

그렇게 큰 변화라고? 그렇다면 내가 앞으로 무슨 일을 하게 되든 이런 흐름은 알아 두는 게 좋겠구나. 참고할게!

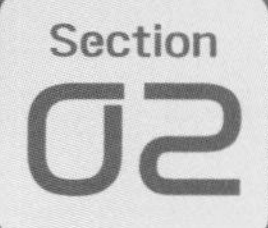

체험 공간 확대의 메타버스 사례

2.1 증강현실 기술이 불러온 생활 속 변화

닥터봇, 증강현실 기술은 지금 어떻게 쓰이고 있어?

증강현실은 2000년대 중반까지도 연구 개발 및 시험 적용에 머물러 있었지만 이제는 기술적 환경이 갖춰지면서 완연한 실용화 단계에 진입했어. 내비게이션이 대표적인 사례라고 할 수 있지. 아이나비 내비게이션을 만드는 기업 씽크웨어[THINKWARE]는 X1 계열의 증강현실 내비게이션을 출시했는데, 그 제품들에서는 2D나 3D 지도로 안내하는 것이 아니라 실제 카메라로 입력받은 거리의 전경을 통해 길을 안내하는 걸 볼 수 있어. 카메라가 신호등을 인식해 안내해 주고 차가 도로 위를 달리는 중에도 가야 할 길의 경로를 도로 위에 그대로 표현해 주기도 해.

증강현실은 이미 실생활에 가까이 다가왔구나. 지금도 우리 주변의 모습이 많이 바뀌고 있지만, 증강현실 기술이 앞으로 어떻게 쓰이냐에 따라 정말 많이 변할 것 같다는 생각이 들어.

맞아, 오늘날 증강현실 기술로 많은 것이 바뀌었고 또 바뀌어 가고 있지. 몇 가지 실제 사례를 들자면, 예전에 사망한 가수를 홀로그램 영상으로 복원해 실제로 공연하는 것처럼 영상을 제작할 수도 있고, 친한 지인이나 가족들을 가상의 공간에 불러내 대화를 나눌 수도 있어. 평소의 영상을 가지고 증강현실화, 가상현실화할 수 있는 거야. 예전 같으면 꿈도 못 꿀 만한 일이 기술 발전을 통해 실현되고 있다고 할 수 있지.

그뿐만이 아니라 증강현실과 가상현실 기술은 '어떤 물체에 대한 검색 방식'을 이전과는 완전히 다르게 만들었어. 무슨 말이냐면 사람들이 어떤 물체의 정보를 알아내고 접근하는 방식을 뒤바꾸어 놓았다는 거야.

구체적으로 어떻게 바뀐 걸 말하는 거야?

예를 들어, 네가 길을 가다가 본 물건이 마음에 들었다고 가정해 볼게. 옛날에는 그 물건의 정보를 알고 있는 사람에게 직접 물어보는 게 최선이었지만, 요즘에는 스마트폰 카메라로 간단히 촬영만 해도 그 물건에 대한 정보를 즉각적으로 알 수 있어. 기술의 발달로 소비자들은 언제 어디서나 모바일을 통해 정보를 얻을 수 있는 거지.

그리고 한 가지 더. 정보를 얻은 다음에는 어떨까? 너도 알다시피 매장이 아니라 인터넷에서 바로 구매할 수 있어. 예전에는 매장에 방문해 직접 확인한 다음 물건을 구매했다면, 이제는 인터넷으로 쉽게 알아보고 주문하고 반품할 수도 있는 세상이 와버린 거야.

그러면서 전통적인 소매 유통업계 구조에도 변화가 생기기 시작하고 우리 주변의 많은 것들이 바뀌었지.

이렇게 들으니 다시 한번 느끼게 돼. 기술은 정말 신기하고 우리 생활을 편하게 만들어 주는구나. 앞으로도 이런 기술들이 우리 생활에 점점 더 많이 필요해질 것 같은데, 이렇게 변화하는 세상에 대비해 무엇을 준비해야 할까?

네가 말한 것처럼 앞으로 증강현실을 이용한 기술은 더욱 많이 쏟아져 나올 거야. 이런 큰 변화에 대비하려면 개인의 노력도 중요하지만 그 전에 국가 및 사회적인 차원에서의 노력이 아주 중요해. 우리나라의 증강현실 산업을 잘 육성하려면 '제반 환경 조성'이 우선되어야 하는데, 이 말은 가상현실과 증강현실이 확대되기 위해 여러 가지 산업적인 규제가 풀려야 하고 정보 기술을 공개하는 기법들도 필요하다는 뜻이야.

다른 나라들은 지금 어떻게 하고 있는데? 참고할 만한 사례가 있을까?

예를 들어, 영국 정부는 2011년에 '영국 정부 포털GOV.UK'을 출범해서 공공 데이터를 국민들에게 개방했어. 그 덕분에 일반 개발자들이나 회사는 공유 정보를 통해 개인이 정보를 모으는 것보다 많은 양의 정보를 얻으며, 이를 기반으로 활용도 있고 신뢰도 높은 기술을 개발하고 있다고 해. 미국 정부 또한 군사 목적으로 개발했던 GPS 기술을 1984년에 민간에 전면 개방했고 그 덕에 다양한 분야에 기술이 적용되기 시작했어. 위성 수신으로 작동하는 GPS

기술이 공개되지 않았다면 내비게이션 시스템이나 여러 가지 증강현실 기술이 지금처럼 발전할 수 없었을 거야. 이처럼 산업 육성을 위해서는 제반 환경을 조성하고 정부가 적극적으로 기술이나 여러 가지 정보를 공개할 필요가 있지.

하지만 여기서 함께 살펴봐야 할 점이 있어. 바로 개인정보와 관련한 문제야. 증강현실을 구현하려면 개인정보, 위치정보가 기반이 되어야 하는데 여기에는 공적인 정보 외에도 사적인 정보가 포함되므로 개인정보 침해 문제가 발생할 수 있지. 개인의 중요한 정보가 제대로 관리되지 않거나 유출되는 등의 문제가 일어나지 않도록 주의할 필요가 있어.

그러니까 앞으로 증강현실과 관련해서 사회적인 차원에서의 제반 환경 조성과 개인정보 관련 문제가 화두가 될 거라는 말이구나.

맞아, 바로 그런 뜻이야. 한 가지 더 말하자면, 요즘에는 기술혁신과 투자 증가로 다양한 메타버스 플랫폼 확산이 본격화될 것으로 전망되고 있어. 그러니 메타버스 시대를 잘 살아가기 위한 준비도 필요하겠지? 지금은 그야말로 다양한 분야에 인간×시간×공간을 결합한 새로운 메타버스 경험을 설계하며 미래 경쟁력을 확보해 나가야 하는 시기라고 할 수 있어.

그렇구나. 그럼 나도 지금 네가 알려 준 '메타버스 플랫폼과 새로운 메타버스 경험을 통한 경쟁력 확보'라는 말을 잘 기억하고 있을게. 고마워, 닥터봇!

2.2 게임으로 만나는 메타버스 세상

닥터봇, 우리가 체험할 수 있는 메타버스 플랫폼에는 어떤 것들이 있어? 나는 메타버스라고 하면 가장 먼저 게임이 떠올라!

게임에 관심이 많은가 보구나? 실제로 체험이나 공감을 확대하는 기법으로 게임, 교육 분야에서도 증강현실 기술이 많이 활용되고 있어. 게임 분야는 특히 온라인 가상공간만으로는 현실감이 부족했던 터라 현실감 향상을 위해 적극적으로 활용하고 있지.

증강현실 기술이 처음 접목된 게임은 소니 플레이스테이션의 〈아이펫EyePet〉이야. 가상으로 반려동물을 키우는 게임인데, 게임기에 달린 카메라를 통해 집 거실 모습이 게임 환경에 반영돼. 반려동물은 사용자의 움직임이나 소리에 반응하며 사용자가 매직펜으로 그림을 그리면 캐릭터가 따라 그리기도 해. 그리고 이렇게 만들어진 그림은 게임 내 소품으로 활용되기도 하지.

우리 집 거실을 배경으로 한다니, 정말로 반려동물을 키우는 느낌일 것 같아. 그런데 난 그 게임을 해본 적이 없는데 왜 이렇게 익숙하게 느껴질까? 아, 앞에서 〈포켓몬고〉도 증강현실이 적용된 게임이라고 했었지!

맞아, 사실 메타버스 게임으로 가장 유명한 것 중 하나가 바로 나이앤틱랩스에서 개발한 〈포켓몬고〉야. 출시 당시 전 세계적으로 인기를 끈 〈포켓몬고〉는 증강현실 게임의 결정체라고 볼 수 있어. 사용자가 실제로 거주하는 지역을 기반으로 특정 장소에 가서 포

켓몬을 잡는 식으로 진행하는 게임이다 보니, 한때는 사람들이 함께 모여 포켓몬을 잡으러 다니는 등 온라인 활동이 오프라인과 접목되는 재미난 현상이 벌어지기도 했어. 증강현실 게임이 실제 환경과 결합하면 얼마나 큰 부가가치를 창출할 수 있는지 보여 준 대표적인 사례지.

그리고 〈포켓몬고〉 외에도 〈마인크래프트〉나 〈로블록스〉, 〈제페토〉 같은 게임들이 메타버스 게임으로 대두되고 있는데, 이 게임들은 높은 자유도를 통해 나만의 가상세계를 만들어 갈 수 있는 게 가장 큰 특징인 게임들이야.

2.3 메타버스로 즐기는 엔터테인먼트

우짱

가상세계에서 자유롭게 게임을 할 수 있다면 그 안에서 다른 재미있는 것들도 즐길 수 있지 않을까? 어쩌면 아이돌 콘서트를 즐기거나 팬미팅을 할 수도 있을 것 같은데?

닥터봇

네가 말한 엔터테인먼트 분야는 사실 코로나 19 사태로 인한 사회적 거리두기 강화로 매출에 직격탄을 맞은 분야야. 콘서트나 팬미팅, 공연 등을 열 수 없게 되자 엔터테인먼트 업계는 실제로 재빠르게 스마트폰 속으로 무대를 옮기고 있어. 증강현실 기술을 활용해 스마트폰만 있으면 장소에 구애받지 않고 공연을 즐길 수 있도록 적용 범위도 확장되고 있는 상황이야.

우짱

진짜? 그럼 실제로 메타버스에서 가수들이 공연을 한 적도 있어?

물론이지. 네이버와 SM엔터테인먼트의 스트리밍 유료 콘서트인 〈비욘드 라이브Beyond LIVE〉나 네이버제트가 운영하는 글로벌 AR 아바타 서비스인 〈제페토〉 등이 좋은 예라고 할 수 있어. 제페토의 경우, 대한민국 대표 걸그룹 중 하나인 블랙핑크가 제페토에서 팬사인회를 열어 화제가 된 적도 있었지.

또 다른 예로 방탄소년단은 가상현실, 증강현실, 확장현실XR, eXtended Reality 등 다양한 시각 효과를 활용해 무대를 꾸미기도 했어. 그래픽 효과로 새로운 세계가 열리는 XR 무대를 구현, 즉 볼륨메트릭Volumetric 기술로 방탄소년단의 한 멤버가 가상의 문을 열고 걸어나오는 동작을 구현한 거야. 부상을 당해 무대에 설 수 없었던 멤버를 기술로 구현해 생생한 무대를 선보였던 사례이지.

이렇게 들으니 증강현실 엔터테인먼트 시장이 성장할 가능성이 상당히 크다는 게 무슨 말인지 알 것 같아. 그럼 나는 이만 〈비욘드 라이브〉 AR 티켓을 사러 가볼게.

2.4 아이템 판매를 위한 마케팅 전략

닥터봇, 요즘에는 우리 주변에서 볼 수 있는 브랜드나 제품들이 메타버스 세계에 구현되고 있다고 했는데 그게 어느 정도야?

현실과 똑같은 상품을 아이템으로 만들어 메타버스 세계 내 화폐로 사고파는 거래가 활발하게 이루어지고 있어. 실제로 구찌나 샤넬 같은 유명 패션 브랜드들도 지금 메타버스 안에서 상당히 큰 수익을 얻으면서 메타버스로 사업을 더욱 확장해 나가고 있다고

해. 글로벌 투자은행인 모건스탠리에 따르면 메타버스 속 명품 시장 규모가 2030년에는 570억 달러(약 67조5300억원)에 이를 것이라 하니, 엄청난 규모의 시장임을 알 수 있지.

가상의 아이템으로 얻는 수익이 그렇게 크다니…. 어, 그런데 메타버스 아이템은 어떻게 홍보해야 해? 실제로 손에 쥐어지는 물건이 아니니까 현실과는 다른 홍보나 마케팅 전략이 필요할 것 같아.

좋은 지적이야. 네가 말한 것처럼 현실과는 다르기 때문에 여러 기업들이 메타버스 세상의 특성과 사용자 경험을 이용한 마케팅 전략을 보여 주고 있는 상황이야. 예를 들어, 펩시는 마케팅에 증강현실 기술을 적용해 뜻밖의 경험을 선사했어. 한 버스정류장에 카메라와 대형스크린을 설치하고 카메라가 촬영한 스크린 바깥의 모습을 스크린에 띄워 현실 풍경처럼 보이게 한 다음, 거기에 비현실적인 영상을 융합해 보여 준 거야. 그러면 버스를 기다리고 있던 사람들은 스크린에 갑자기 나타난 외계인이나 호랑이를 보면서 깜짝 놀라겠지? 이내 가짜라는 걸 알고 나서 안심하며 흥미롭게 여기게 되고 말이야. 이러한 펩시의 사례처럼 현실과 가상정보가 결합된 기술로 사람들이 재미를 느끼면 그것이 브랜드에 대한 긍정적인 경험으로 남게 될 수 있어.

또 다른 콜라 브랜드인 코카콜라도 이와 비슷한 전략을 사용했어. 코카콜라는 제품을 포장한 종이 패키지를 접어 VR 기기인 카드보드 만드는 법을 공유하고 코카콜라를 산 사람들은 이것을 가지고 VR 체험을 할 수 있게 했어.

그리고 유명한 패스트푸드 브랜드인 맥도날드 역시 카드보드로 재활용할 수 있는 해피밀 세트 패키지를 출시했어. 자사의 패키지로 즐길 수 있는 VR 게임 앱까지 출시해 소비자들이 더욱 저렴하고 손쉽게 VR 콘텐츠를 체험할 수 있었지.

그러니까 소비자에게 '새로운 경험'을 제공해 브랜드를 각인시키는 전략이라는 거구나. 경험경제에 기반한다는 점에 비추어 보면 현실과도 아주 동떨어진 내용은 아닌 것 같아.

바로 그거야. 이제 메타버스가 만드는 가상융합경제에 대해 확실하게 이해했구나! 다시 말하지만, 이 점은 정말 중요하니 앞으로도 꼭 기억해 두길 바라.

새로움을 창조하는 바이트댄스, 틱톡의 기업문화

틱톡의 모회사 바이트댄스, 메타버스 기반 SNS 앱 출시

2022년 1월 틱톡의 모회사인 바이트댄스는 메타버스 SNS 앱을 출시했습니다. 이 앱의 이름은 '파이두이다오'로, 해석하면 '파티를 하는 섬'이라는 뜻입니다. 모두가 알고 있다시피 틱톡은 짧은 동영상 형태의 콘텐츠를 공유하는 SNS입니다. 세계적으로 큰 성공은 거둔 틱톡은 이 성공에 힘입어 가상세계로까지 진출했으며, 특히 바이트댄스는 최근 VR 헤드셋의 신흥강자로 떠오르는 스타트업 '피코 인터랙티브'를 인수하며 메타버스 시장에서 힘을 키우고 있습니다. 아직 많은 사용자가 사용하고 있는 것은 아니지만 틱톡이 가진 엄청난 사용자 수, 가상세계를 구성하는 고도의 기술 등이 결합되어 메타버스 시장에서 강자가 될 것으로 보입니다.

그림 1-8 메타버스 SNS 앱 파이두이다오

글로벌 숏폼 모바일 미디어 플랫폼 틱톡

"틱톡의 미션은 창의성을 고취하고 기쁨을 선사하는 것입니다."

틱톡은 전 세계 150여 개 국가에서 75개의 언어로 서비스되고 있는 글로벌 숏폼 모바일 비디오 플랫폼으로, 현재 LA, 뉴욕, 런던, 파리, 모스크바, 도쿄, 시드니 등 여러 국가의 대도시에 거점 오피스를 두고 세계에 진출해 있습니다. 틱톡은 다양한 국적의 사용자들이 즐겨 사용하는 플랫폼인 만큼 다양성과 소통 능력을 중시합니다.

틱톡은 "Inspire Creativity and Bring Joy"라는 사명으로 틱톡 유저들에게 창의력을 불러일으키고 즐거움을 제공하는 것을 목표로 합니다. 따라서 틱톡의 기업문화도 창의력, 영감, 즐거움에 중점을 두고 있습니다. 기업의 구성원들이 먼저 이러한 감정을 느낄 수 있어야 사용자들이 콘텐츠를 즐겁게 만들고 소비할 수 있다고 여기기 때문입니다.

그림 1-9 모바일 미디어 플랫폼 틱톡

틱톡의 모회사 바이트댄스의 창립자 겸 최고경영자 장이밍

1983년 중국 푸젠성의 평범한 가정에서 태어난 장이밍에게는 어린 시절부터 남달랐던 점이 하나 있었는데, 바로 활자와 정보에 광적으로 집착해 주변에서 독서광으로 통했다는 것입니다. 그는 국내외 신문과 잡지, 다양한 종류의 책을 섭렵하며 트렌드를 읽어 내는 안목을 키웠고 그것은 훗날 그의 창업에 든든한 기반이 되었습니다. 2007년, 애플이 아이폰을 처음 출시한 것을 본 장이밍은 그 당시 큰 충격을 받고 '앞으로 웹사이트는 사람들의 바지 주머니에 들어갈 것'이라 예측하며 그동안 다니던 회사를 그만뒀습니다. 그 후 그가 왕싱과 함께 만든 중국판 트위터 '판포우'는 그 당시 휴렛팩커드HP를 비롯해 유명 인사들이 잇따라 가입하면서 수개월 만에 가입자 100만 명을 확보하기도 했습니다.

그림 1-10 틱톡의 모회사 바이트댄스 창립자 장이밍

장이밍이 창립한 '바이트댄스'는 직원들에게 삼시세끼 식사를 무료로 제공하고 도보 20분 내 거리에 거주하는 직원에게는 주택 보조금을 지원하는 사내 복지 제도를 갖추고 있습니다. 이러한 복지 정책에 대해 그는 "직원들이 회사에서 식사하면 시간을 절약할 수 있고, 밥을 먹으면서도 일과 관련해 얘기할 수 있다는

장점이 있다"라고 하며 직원들 간 소통과 업무에 집중할 수 있는 환경 조성에 대해 강조했습니다. 직원들의 건강한 생활과 일의 병행을 중요시했던 바이트댄스는 여기서 그치지 않고 구내식당 주방장에게도 스톡옵션을 제공해 높은 식사의 질을 유지할 수 있도록 책임감을 부여했다고 합니다.[1]

주도성과 다양성으로 새로움을 창조하는 기업문화

한 인터뷰에서 틱톡의 인사담당자는 틱톡을 "적응력과 주도성을 지닌 사람들이 즐기며 일할 수 있는 곳"이라 소개했습니다. 지금은 규모가 큰 세계적 기업으로 성장했음에도 불구하고 조직원들은 여전히 초기에 시작했던 스타트업 마인드로 일하고 있다고 합니다. 틱톡은 구성원들이 자발적으로 계획을 세우고 실현하며 발전시킬 수 있는 업무 환경을 제공합니다. 엄격하게 세워진 규정이나 고정된 틀에서 생각하고 행동하는 것이 아닌 구성원 스스로 업무를 기획하고 실행할 기회를 제공함으로써 그들이 결과물을 통해 성취감을 느낄 수 있게 하는 방식인 것입니다.

또한 틱톡은 단순히 성과만을 올리는 직원들이 아닌 다방면의 능력을 통해 소통하는 조직원들을 원합니다. 예를 들어 유머 감각이 있는 직원, 퇴근 후에는 소설을 쓰며 작가가 되기를 꿈꾸는 직원, 평소 운동을 즐기며 대회에 도전하는 직원 등 본인의 관심사를 가꾸어 가며 개인 역량과 업무 능력을 함께 고취하는 것을 중요하게 생각합니다. 개개인의 개성을 살려 역동적인 새로움을 창조하고 적극적으로 소통하면서 소비자와 조직원 모두가 즐거움을 느낄 수 있는 것이 틱톡이 지향하는 기업문화입니다.[2]

1 https://www.hankyung.com/international/article/2020081347821

2 https://brunch.co.kr/@tiktok-recruit/18

그림 1-11 틱톡의 기업문화

틱톡 CEO 인터뷰 영상

©https://www.youtube.com/watch?v=VM8V1ohhy6c

CHAPTER

02 미래 사회를 예측하는 빅데이터

SECTION 01

SNS 시대의 빅데이터

1.1 V3는 백신, 3V는 빅데이터

1.2 메타버스 시대의 원유, 빅데이터

SECTION

빅데이터 활용 분야

2.1 (도소매 분야) 소비자의 요구를 파악하라

2.2 (마케팅 분야) 아마존의 추천 및 배송 시스템

SECTION

빅데이터 분석 도구

3.1 웹사이트에 접목된 빅데이터 솔루션

3.2 코딩이 필요 없는 노코딩 AI 데이터 분석

읽을거리 메타버스 시대에 갖춰야 할 자세, 메타가 제시하는 철학

〈2장. 미래 사회를 예측하는 빅데이터〉에서는 메타버스 시대의 원유인 빅데이터의 개념과 다양한 사례를 알아보고 빅데이터 분석을 직접 체험해 봅니다. 이 장의 마지막 읽을거리에서는 메타버스 시대를 이끌어 가는 '메타(구 페이스북)'의 개발자 마크 저커버그의 철학을 엿볼 수 있습니다.

자세히 살펴보기

- 빅데이터의 개념과 특징을 이해하고 빅데이터를 활용한 기업의 성공적인 마케팅 사례를 알아봅니다.
- 빅데이터 분석 도구를 활용해 직접 데이터를 추출해 보고 노코딩 AI 데이터 분석이 무엇인지 알아봅니다.
- [읽을거리] 메타의 창업자 마크 저커버그가 예견하는 미래, 메타만의 독창적인 기업문화를 살펴봅니다.

핵심 키워드

#빅데이터 #분석도구 #미래예측 #성공사례 #노코딩 #메타버스 #페이스북 #마크저커버그

Section 01

SNS 시대의 빅데이터

1.1 V3는 백신, 3V는 빅데이터

닥터봇, 빅데이터Big Data가 4차 산업혁명을 이끌 기술 중 하나라는데 빅데이터가 정확히 뭐야? 그냥 데이터가 많으면 빅데이터야?

그렇지는 않아. 빅데이터에 대해 설명하자면, 오늘날 빅데이터는 '데이터 규모'나 '업무 수행 방식' 등에 따라 다르게 정의되고 있어.

글로벌 컨설팅 회사인 맥킨지Mckinsey는 '데이터 규모'에 초점을 맞춰 데이터 수집, 저장, 관리, 분석과 같이 기존 데이터베이스의 관리 역량을 넘어서는 데이터를 빅데이터라고 정의하고 있어. 그리고 이와 다르게 '업무 수행 방식'에 초점을 맞춘 인터넷데이터센터IDC, Internet Data Center는 '다양한 종류의 대규모 데이터로부터 저렴한 비용으로 가치를 추출해 데이터의 빠른 수집과 발굴, 분석을 지원하도록 고안된 차세대 기술과 아키텍처'라고 빅데이터를 정의하고 있지. 또한 평가 분석기관인 가트너Gartner는 빅데이터를 '향상된 시사점과 더 나은 의사결정을 위해 사용되는 정보 자산이자, 비용 효율이 높고 혁신적이며 대용량, 고속, 다양성의 특징을 갖는 데이터'라고 정의했어.

단순히 데이터의 양이 많은 것만 뜻하는 게 아니라 그걸 잘 활용할 수 있도록 관리하는 면에서의 의미도 담겨 있는 거구나.

너도 잘 알고 있듯이 요즘에는 셀 수 없이 많은 곳에서 데이터가 생겨나고 있어. 위성이나 각종 센서, CCTV 등의 기기로 저장된 데이터뿐만 아니라 사람들이 작성하는 이메일이나 문서, SNS에 올리는 수많은 글과 영상 등 세계 곳곳에서 쉴 틈 없이 데이터가 생성되는 상황이야. 이런 데이터들을 분석하고 취합하는 오늘날에는 정말 어마어마한 양의 데이터가 저장되고 있지.

오늘날 빅데이터는 수십~수천 테라바이트TB의 큰 크기를 가지고 있어. 그런데 그것들이 생성되고 유통, 소비되는 데 걸리는 시간이 단 몇 초에서 몇 시간 단위에 불과해. 그런 과정이 상당히 짧게, 그리고 빈번하게 일어나고 있다 보니 기존에 데이터를 다루던 방식으로는 관리 및 분석이 어렵다고 할 수 있어.

그렇다면 우선 말 그대로 '대용량'은 빅데이터의 특성 중 하나라고 할 수 있겠네?

맞아, 네가 말한 게 빅데이터의 가장 기본적인 특징이야. 그런데 우짱, 혹시 3V라고 들어 봤니?

흠, 언뜻 들어 본 것도 같은데…. 3V…. V3 백신?

하하, 안랩AhnLab에서 만든 V3라는 안티 바이러스 소프트웨어를 떠올렸구나. 지금 내가 얘기해 주려는 건 3V라고 일컫는 빅데이터의 특성 3가지야. 보통 데이터의 다양성Variety, 크기Volume, 속도Velocity를 두고 3V라고 하는데, 이 특성들이 빅데이터를 정의하는 기준으로 사용되기도 해. '다양한' 형태로 수집 및 저장된 '대용량'

데이터들을 아주 '빠른 속도'로 분석하고 일정한 패턴을 찾아내 거기에서 새로운 '가치Value'를 창출하는 게 빅데이터라는 거야. 아, 마지막에 말한 가치까지 포함해 4V로 표현하기도 해.

그러니까 형식이 다양한, 많은 양의 데이터를 빠르게 분석해 어떤 패턴을 찾고 그걸로 무언가 가치 있는 걸 만들어 낸다는 말이야?

그래, 맞아. 잘 이해한 것 같으니 이제 각 특성들에 대해 조금 더 자세히 얘기해 볼게. 먼저, 다양성Variety을 설명하려고 하는데 조금 어려울 수 있으니 잘 들어 봐.

일반적인 데이터는 고정된 필드에 저장되는 데이터로, 대부분 정형화되어 있어서 '정형 데이터'라고 불러. 예를 들어, 사람들이 온라인 쇼핑몰에서 제품을 주문할 때 이름, 주소, 연락처, 결제 정보 등을 입력하는데, 이렇게 고정된 필드에 저장되는 데이터를 정형 데이터라고 하는 거야.

그림 2-1 정형 데이터

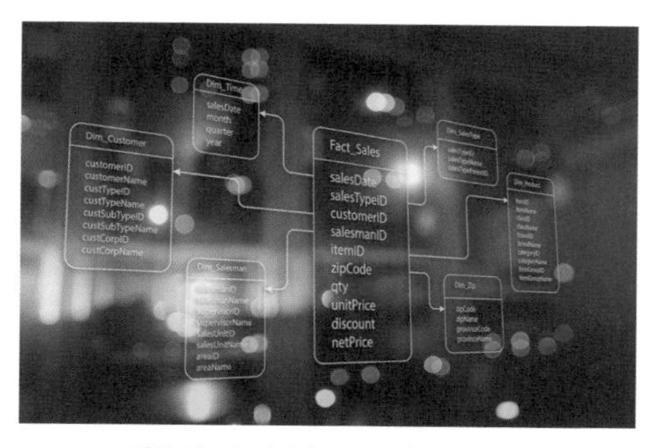

고정된 필드에 저장되는 데이터(데이터베이스)

반면 '비정형 데이터'는 고정된 필드에 저장되어 있지 않은, 또는 저장할 수 없는 데이터야. 동영상 데이터나 영화, 영상 등이 여기에 해당하지. 사진이나 오디오, 음악 같은 데이터, 메신저로 주고받는 대화처럼 산발적으로 이루어지는 채팅 내용, 지속적으로 바뀌는 위치 정보, 통화 내용 등 수없이 많은 유형의 비정형 데이터들이 있어. 이렇게 데이터들이 다양한 모습을 하고 있다는 게 바로 데이터의 '다양성'을 뜻해.

그림 2-2 비정형 데이터

고정된 필드에 저장되어 있지 않거나 저장할 수 없는 데이터

우짱

이런 게 전부 데이터라고? 그럼 요즘에는 데이터가 도대체 얼마나 많이 만들어지고 있는 거야?

닥터봇

맞아, 그야말로 엄청난 양의 데이터가 생성되고 있지. 그래서 다음으로 얘기해 줄 빅데이터의 특성은 대용량의 크기Volume야. 현재 데이터양은 메가바이트MB, 기가바이트GB, 테라바이트TB 단위를 넘어 제타바이트ZB에 들어섰다고 해. 이 단위들을 들어 본 적 있니?

테라바이트까지는 익숙해! 요즘 우리가 쓰는 하드디스크가 보통 테라바이트 단위니까. 그런데 제타바이트는 처음 들어 봐. 그건 얼마나 큰 단위야?

아래 표를 보면 알겠지만 1,024GB가 1TB이고 1,024TB가 1PB야. 그리고 1,024PB는 1EB, 1,024EB는 1ZB이지.

기호	단위
킬로바이트(KB)	$1024^1 (=2^{10})$
메가바이트(MB)	$1024^2 (=2^{20})$
기가바이트(GB)	$1024^3 (=2^{30})$
테라바이트(TB)	$1024^4 (=2^{40})$
페타바이트(PB)	$1024^5 (=2^{50})$
엑사바이트(EB)	$1024^6 (=2^{60})$
제타바이트(ZB)	$1024^7 (=2^{70})$
요타바이트(YB)	$1024^8 (=2^{80})$

예를 들어, 네가 다운받는 영화 한 편이 4~6GB 정도라고 할 때 1PB가 있으면 영화를 174,000편 정도 담을 수 있어. 다른 식으로 표현해 보면, 1PB는 부산 해운대 백사장에 있는 모래알만큼 저장할 수 있는 단위야. 그리고 1ZB는 한반도의 모든 백사장에 있는 모래알×1,000쯤이라고 생각하면 돼. 엄청나지? 이 정도로 많은 양의 데이터가 오늘날 전 세계에서 만들어지고 있는 거야.

정말 까마득한 단위네. 이렇게 많은 양이 빠르게 만들어지고 있다면 데이터가 기하급수적으로 쌓이는 것도 금방일 것 같아.

그렇지. 그래서 빅데이터의 특성 3V 중 속도Velocity는 그렇게 빠르게 만들어지는 대용량의 데이터를 거의 실시간으로 처리하고 있는 걸 의미해. 요즘에 1분이면 얼마만큼의 데이터가 생성될 것 같니? 무려 13,000시간의 음악, 트위터 10만 건, 이메일 송·출신 168만 건, 구글 검색 200만 건, 48시간 이상의 유튜브 영상이 만들어지고 있다고 해. 그리고 메타(구 페이스북)에서는 1분 동안 70만 건의 공유가 발생하고 4만 건의 '좋아요'가 기록되고 있어.

데이터를 주고받는 속도와 관련해서 사람들이 흔히 요즘을 5G 시대라고 부르고 있잖아? 그건 정확히 어떤 뜻이야?

그건 1초에 20GB의 데이터 무선 전송이 이루어지고 1,000분의 1초 동안 100만 대의 기기가 동시 접속하는 초연결성을 가지고 있는 시대라는 뜻이야. 그리고 여기서 그치지 않고 더 빠른 속도로 전송할 수 있는 기술도 만들어지고 있어. 한 가지 예로, 영국의 브리티시텔레콤은 1초에 60GB의 데이터를 전송하는 기술을 개발했다고 해.

1.2 메타버스 시대의 원유, 빅데이터

우리가 평소에 사용하는 SNS 내용들이 다 데이터라니…. 어쩌면 SNS 때문에 빅데이터 세상이 다가온 게 아닌가 싶을 정도야.

아주 통찰력 있는 생각이야. 사실 빅데이터가 출현한 배경에 SNS가 있거든. 보통 빅데이터가 출현한 배경으로 환경적 요소를 크게

꼽는데, 그 이유는 SNS 확산으로 만들어진 많은 양의 데이터를 나눠 처리하기 위해 분산 처리 기술이 발전했기 때문이야. 그리고 그렇게 처리된 데이터는 오늘날 클라우딩 컴퓨팅을 통해 관리되고 있지.

클라우딩 컴퓨팅?

쉽게 말하자면, 사용자 대신 데이터를 저장하고 관리해 주는 클라우드 서비스를 통해 우리가 언제든 스마트 기기에 접속만 하면 정보에 손쉽게 접근할 수 있는 걸 떠올리면 돼. 그런데 혹시 그거 아니? 불과 몇십 년 전만 해도 이런 건 상상하기 어려운 일이었다는 거.

뭐가 어려워? 스마트 기기로 정보를 찾고 활용하기가 어려웠다는 거야?

우짱, 너는 PC와 스마트폰이 없는 모습이 상상이 되니? 사실 이렇게 개인이 컴퓨터를 다루게 된 건 얼마 되지 않았어. 1970년대에는 저명한 기관이나 대기업에서만 컴퓨터를 쓸 수 있었거든. 하지만 하드웨어의 성능이 꾸준히 발전하고 인터넷과 모바일 혁명을 이루며 지금 시대에 이르렀어.

오늘날은 특히 사물통신, 사물인터넷 같은 기술이 발전하면서 데이터양이 기하급수적으로 늘어났고, 데이터의 유형도 정형보다는 비정형인 데이터가 더 많아졌어. CCTV나 웨어러블 기기 등에서 만들어진 데이터들을 떠올리면 돼. 이건 20년 전과도 사뭇 다른 흐름인데, 그때가 데이터가 다양해지고 복잡해지며 연결되었던 시기라면 요즘은 데이터가 우리 생활 가까이에서 실시간으로 변화하고 있는 상황이야. 바야흐로 인공지능을 동반한 4차 산업혁명 시대에 본격 진입한 상태라고 할 수 있지.

아, 그래서 빅데이터가 4차 산업혁명 시대에 엄청 필요한 기술이라고 하는 거구나.

그렇지. 요즘에는 사람들이 스마트폰과 IT 기기를 활용하기 때문에 모든 게 데이터로 저장되고 그것을 활용한 산업이 형성되고 있어. 이런 4차 산업혁명 시대에는 데이터를 지배하는 기업이 혁명을 주도하게 되기 때문에 기업들은 데이터를 더 잘 활용하기 위해 치열하게 알고리즘을 개발하고 있어.

그중에서도 특히 데이터 플랫폼 생태계를 주도하는 기업으로 거듭나기 위한 노력이 상당해. 스스로 데이터를 확보할 수 있는 생태계를 구축하고 이익을 공유하는 기업이어야 4차 산업혁명 시대에 성공을 거둘 수 있다는 의견이 지배적이기 때문이야. 너도 잘 아는 구글, 아마존, 애플, 메타 등의 글로벌 IT 기업들이 이미 자체적인 플랫폼과 기업, 이용자의 데이터를 연결해 산업 영역을 확장하고 있는 것만 봐도 빅데이터가 현시점에서 얼마나 중요한 화두인지 알 수 있지.

솔직히 나는 평소에 SNS나 인터넷 속 데이터의 가치를 따져본 적이 없었는데, 이렇게 들으니 빅데이터는 그야말로 요즘 시대의 디지털 광산이라는 생각이 들어.

멋진 표현이네! 네가 빅데이터의 가치를 알게 된 김에 조금 더 얘기해 주자면, 세계의 많은 기관이 빅데이터의 사회적 가치를 높이 평가하고 있어.

영국의 주간지 이코노미스트The Economist는 데이터가 자본이나 노동력과 거의 동등한 수준의 경제적 투입 자본과 비즈니스의 새로운 원자재 역할을 할 것이라고 보고 있고, 가트너는 "데이터는 21세기의 원유"라고 하며 데이터가 미래 경제 우위를 좌우한다고 강조하고 있어. 즉, 데이터 경제 시대가 도래했으니 정보 고립을 경계해야 성공할 수 있다는 말이야. 또한 맥킨지는 빅데이터가 혁신, 경쟁력, 생산성의 핵심 요소이고 의료나 공공행정 같은 5대 분야에서 이미 빅데이터로 6,000억 달러 이상의 가치가 창출되고 있다고 이야기하고 있지.

그렇다면 우리가 앞에서 얘기했던 메타버스에서도 빅데이터 기술이 중요할까?

물론이지! 가상세계를 만드는 데에도 빅데이터는 정말 중요해. 앞서 빅데이터는 4차 산업혁명을 이끄는 핵심 기술이라고 설명했지? 특히 메타버스와 관련해서는 다양한 사용자들이 상호작용하고 현실세계와 더욱 유사한 가상세계를 구성하는 데 빅데이터가 핵심적인 역할을 하고 있어.

예를 들어, 디지털 트윈Digital Twin 기술은 현실에 있는 사물을 가상세계로 복제하는 기술 중 하나인데, 말 그대로 가상세계에 똑같은 쌍둥이를 만드는 거야. 이렇게 현실과 같은 가상의 사물을 만들고 현실에서 발생하는 변화가 가상세계에도 동일하게 연결되게 하려면 실시간 데이터 처리, 즉 앞에서 강조한 '분산 처리'와 '실시간 처리'가 가능한 빅데이터 기술이 필요해.

현실뿐만 아니라 가상세계에도 빅데이터는 중요하구나. 아까 가트너가 "데이터는 21세기의 원유"라고 했다고 했지? 그렇다면 요즘에는 이 말이 더 어울릴 것 같아. "빅데이터는 메타버스 시대의 원유"

빅데이터 활용 분야

2.1 (도소매 분야) 소비자의 요구를 파악하라

우짱

닥터봇, 빅데이터에 대해 더 알고 싶기는 한데, 너무 기술로만 이야기하니까 슬슬 머리가 아파 와….

닥터봇

하하, 그러면 지금부터는 실제 활용 사례로 얘기해 줄게. 빅데이터가 가장 활발하게 이용되는 분야 중 하나는 물건을 사고파는 도소매 분야야. 혹시 편의점이나 마트에서 일반 사이즈보다 큰 사이즈의 요구르트를 본 적이 있니?

우짱

대용량 요구르트? 당연히 본 적 있지! 가끔 사 먹기도 하는걸.

닥터봇

바로 그 제품이 빅데이터에 기반해 만들어진 대박 상품이야. 요구르트 제조업체는 데이터를 통해 작은 요구르트 한 개로는 감질나서 그냥 한 줄을 한번에 다 먹는 사람이 꽤 많다는 걸 알게 되었어. 그래서 대용량으로 출시해 보자 하고 큰 사이즈로 내 보았더니 역시나 소비자의 요구Needs에 맞아 불티나게 팔리게 된 거지.

우짱

아하, 빅데이터를 통해 사람들이 원하는 게 무엇인지 알아낸 거구나! 이런 사례가 또 있어?

물론이지. 예를 들어, 컵라면 중에서 '오모리 김치찌개' 같은 상품도 소비자의 성향을 분석해 개발한 제품이야. 식품이나 유통업체는 미래의 먹거리 상품을 고민해야 해서 항상 소비자의 구매 패턴을 분석하고 SNS나 블로그에 게시된 상품평도 분석하고 있어. 그렇게 소비자의 소구점, 요구점을 파악해 그에 맞는 제품을 만들어 내는 거지.

어쩐지. 컵라면이 맛있는 건 다 이유가 있었구나. 아, 그러면 우리가 흔히 알고 있는 대기업들도 빅데이터를 활발하게 사용하고 있겠네?

그렇지! 유명 커피 프랜차이즈인 스타벅스Starbucks 알고 있지? 스타벅스의 성공 역시 빅데이터와 연관이 있어. 스타벅스는 매장을 내기 전에 빅데이터를 기반으로 상권을 철저히 분석하는데, 입점하기 전에 스타벅스 지점의 위치나 교통 패턴, 그 지역의 인구 통계 등의 데이터들을 수집하고 분석해서 최적의 신규 입점 위치를 찾아내는 거야. 심지어 새로 생긴 매장 때문에 기존 매장이 매출에 얼마나 타격을 입을지도 예측할 수 있다고 해. 여기에서 그치지 않고 스타벅스는 자체 애플리케이션을 통해 소비자 정보를 수집하고 이를 바탕으로 고객의 커피 취향부터 방문 예상 시간까지 알아내고 있어. 고객 취향에 맞을 법한 신메뉴를 추천해 주는 서비스도 제공하고 있지.

그리고 국내 최대 베이커리 프랜차이즈인 파리바게뜨Parisbaguette는 날씨 정보를 기반으로 제품 진열 방안과 제품 생산 방안을 제안했어. 전국의 파리바게트 점포에 단말기를 제공해 생크림 케이크가 요일별로 얼마나 팔렸는지 기록하고, 매장 주변의 날씨 예보나 요일 같은 요소를 종합해 매출 추이를 파악한 거지. 그리고 그렇게 날씨 지수를 도입해 제품을 분별적으로 판매한 결과, 매출이 30%나 상승했다고 해.

2.2 (마케팅 분야) 아마존의 추천 및 배송 시스템

우짱

요즘 온라인 쇼핑몰에서 내가 좋아할 만한 상품을 추천해 주는 것도 빅데이터를 활용한 사례가 될 수 있을까?

닥터봇

물론이지. 실제로 기업들은 마케팅의 도구로써 빅데이터를 사용하기도 해. 세계 물류업계에서 독보적 위치를 차지하고 있는 아마존Amazon의 사례를 볼까? 아마존에서 운영하는 도서 추천 시스템은 도서 구매의 새로운 패턴을 만들었다고 할 수 있어. 해당 시스템은 고객 정보의 일부를 추출해 고객들 간 유사성을 파악한 뒤 취향에 맞는 책을 추천해 주고, 또한 구매 정보를 추출해 고객과 책 간의 연관성을 파악하여 다양한 분야의 책을 추천해 주기도 해. 이 시스템이 도입된 후 매출이 30% 이상 상승했다고 하니 그야말로 기업 마케팅에 빅데이터가 활용된 훌륭한 성공 사례라고 볼 수 있지.

또한 아마존은 "세상의 모든 것을 판매한다."라는 모토 아래 오랜 시간 축적해 온 고객의 구매 기록 데이터를 기반으로 다양한 사업을 펼치고 있는데, 그중에서도 '예측 배송 시스템'을 새롭게 선보여 주목받고 있어. 예측 배송 시스템은 고객이 어떤 물건을 구매하기 전, 구매가 예상되는 물품을 예측하여 포장한 뒤 고객과 가까운 물류 창고에 배송해 놓고 고객이 그 물품을 주문하면 바로 배송

해 주는 시스템이야. 물론 빅데이터와 인공지능이 결합했다 하더라도 사람이 결정하는 일이기 때문에 100% 일치할 수는 없어. 그래서 아마존은 빅데이터 예측이 실패할 경우 미리 배송된 물건을 할인 가격으로 제공하거나 선물로 증정하는 등 다방면으로 고객 관리에 힘쓰고 있다고 해.

정말 대단하다. 우리나라에도 이런 사례가 있어?

혹시 부모님이 오후에 상품을 주문하고 그다음 날 새벽에 물건을 받는 걸 본 적이 있니? 이처럼 우리나라의 대표적 사례는 새벽 배송이야. 마켓컬리 외에도 쿠팡, SSG, 오아시스 등 새벽 배송 관련 시장이 점점 커지고 있는데, 새벽 배송 시스템이 원활히 이루어지려면 물품 제공 및 조달이 빠르게 진행되어야 하므로 결국 이를 예측하는 시스템 구축이 핵심이야. 고객이 어디에 사는지, 주로 사는 물건이 무엇인지, 언제 자주 주문하는지 등을 예측할 수 있기 때문에 가능한 시스템이라고 볼 수 있지.

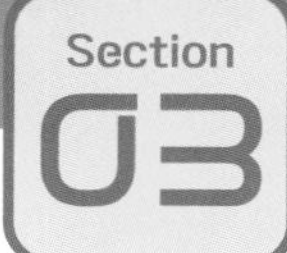

빅데이터 분석 도구

3.1 웹사이트에 접목된 빅데이터 솔루션

우짱

닥터봇, 나도 한번 빅데이터를 다뤄 보고 싶어! 나 같은 학생들도 빅데이터를 확인하고 적용해 볼 수 있는 방법이 있을까?

닥터봇

물론이지. 우리가 살펴본 빅데이터 기술은 주로 특정 분야에서 사용되는 것들이라 산업적인 접근만으로 이해할 수 있었지만, 의외로 실생활에서도 빅데이터에 쉽게 접근해 직접 적용해 볼 수 있는 웹사이트들이 있어. 몇 가지 예시를 소개할게.

첫 번째는 워드클라우드 Word Cloud 야. 워드클라우드는 문서의 키워드나 개념을 직관적으로 파악할 수 있게 핵심 단어를 시각적으로 돋보이게 하는 기법이야. 해당 문서에서 많이 언급된 단어일수록 크게 표현해서 어떤 것이 핵심인지 한눈에 들어오게 해.

그림 2-3 워드클라우드

'워드클라우드 생성기' 웹사이트(http://wordcloud.kr/)를 이용하면 쉽게 적용해 볼 수 있어. 이 사이트에 들어가면 텍스트 입력란이 있는데 거기에 클라우드로 만들고 싶은 글을 넣고, 그중에서도 돋보이게 하고 싶은 단어는 키워드란에 따로 입력하면 돼. 그러면 클라우드가 형성되지. 배경색이나 클라우드의 모양, 폰트 등도 설정할 수 있고, 완성된 클라우드는 이미지로 저장하거나 다른 사람에게 공유할 수 있다고 해.

그림 2-4 워드클라우드 생성기

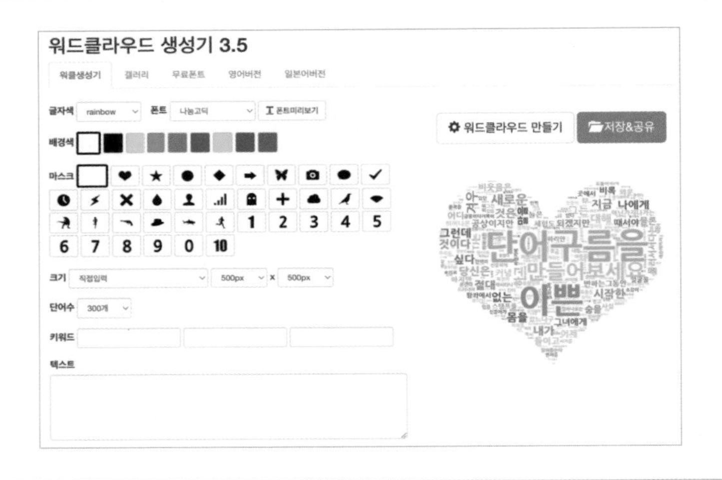

생각보다 어렵지 않은데? 그런데 이런 분석뿐만 아니라 우리 주변의 빅데이터에 쉽게 접근할 수 있는 웹사이트가 있을까?

다음으로 설명하려던 웹사이트가 바로 그런 곳이야. 혹시 서울시 빅데이터 캠퍼스, 스마트서울 포털에 대해 들어 봤니? 이 사이트에서는 서울시의 다양한 데이터를 확인하고 다룰 수 있어.

서울시는 방대한 양의 공공데이터를 한곳에 저장해 교통, 환경, 안전, 도시문제 해결 등 다양한 분야에 활용할 수 있도록 빅데이터 플랫폼(S-Data 사업, Smart Seoul Data)을 구축하고 있어. 공공데이터를 통합관리, 개방, 활용하는 공공기관 최초의 빅데이터 플랫폼이라 할 수 있지. 그리고 서울시 빅데이터 캠퍼스는 민간, 공공기관에서 수집한 데이터를 누구나 이용할 수 있도록 제공하는 동시에 가상 분석 환경까지 지원하고 있어. 스마트 서울 포털은 스마트시티를 지향하며 첨단 기술을 활용해 서비스를 확대하고 시민들이 편하게 인프라를 누릴 수 있도록 지원하지.

그림 2-5 스마트서울 포털

공공데이터를 이용하고 분석까지 할 수 있다니, 정말 좋은 사이트구나! 단순히 정보를 찾을 때뿐만 아니라 연구에도 활용하기 좋을 것 같아.

연구라고 하니 추천해 줄 사이트가 하나 더 떠올랐어. 바로 텍스톰Textom이라는 사이트인데, 앞선 예시들과는 다르게 좀 더 고차원의 빅데이터 분석 서비스를 제공하는 사이트야.

텍스톰은 WEB과 SNS상의 다양한 채널의 데이터를 빠른 속도로 수집해 데이터셋Data Set을 만들 수 있고, 단계적인 처리 방식을 도입해 데이터 큐레이션의 효율성을 높여 줘. 또한 데이터의 효율적인 저장·관리를 돕는 분산파일 처리 시스템 하둡Hadoop을 기반으로 대용량 파일 보관에 뛰어나지. 수집 데이터뿐만 아니라 분석자가 가진 보유 데이터도 처리할 수 있고, 나아가 기계가 스스로 학습까지 해서 감정을 분석할 수도 있지. 분석자의 편의성을 고려한 맞춤형 데이터 정제 및 분석 프로그램들(UCINET, NODEXL 등)에 적용 가능한 데이터 포맷을 지원하고, 다양한 분석 목적에 따라 결괏값을 직관적으로 보여 줄 수 있는 다양한 차트와 그래프를 제공해. 실제로 많은 사람들은 학술적인 결과물을 만들 때 이 서비스를 사용한다고 해.

3.2 코딩이 필요 없는 노코딩 AI 데이터 분석

데이터 분석을 본격적으로 하려면 컴퓨터를 잘 다루고 코딩도 잘해야 하는 거 아니야? 너무 어려울 것 같은데 혹시 쉽게 다가갈 방법은 없을까?

혹시 노코딩 데이터 분석에 대해 들어 봤니? 요즘에는 코딩 없이도 프로그램을 개발하거나 데이터 분석을 할 수 있는 '노코드No-code' AI가 많은 관심을 받고 있어. 물론 데이터 분석에 관한 아무런 기본 지식이 없다면 이런 도구들도 다루기가 쉽지 않겠지만, 텍스톰에서 말했던 하둡 같은 시스템보다는 훨씬 다루기 쉽다는 장점이 있어. 기본적인 지식만 있다면 초보자라도 충분히 다룰 수 있지.

우짱

정말? 노코딩 AI 데이터 분석 도구로는 어떤 것들이 있어?

닥터봇

대표적인 노코딩 데이터 분석 도구 중 하나로 태블로Tableau라는 도구가 있어. 이 시스템은 드래그 앤 드롭(마우스로 끌어서 놓는 동작) 방식으로 데이터를 분석할 수 있고 분석 속도도 정말 빠른 편이야. 여러 종류의 데이터를 다룰 수 있으면서 특히 데이터를 한눈에 볼 수 있도록 시각화하는 과정이 정말 편하다는 점이 태블로가 가진 강력한 장점이야.

두번째로 SPSS가 있어. 이 프로그램은 주로 통계적인 분석을 할 때 많이 사용돼. 마케팅 기업이나 통계기관에서 많이 사용하는데, 데이터를 분석해 결과를 예측하거나 발생하는 현상을 통계적으로 분석할 때 매우 편리한 도구야.

마지막으로 소개할 도구는 오렌지3Orange3이야. 이 도구를 통해서는 코드와 수학적인 지식 없이도 데이터 과학, 통계, 머신러닝(기계학습)을 다룰 수 있어. 태블로처럼 사용법이 매우 간단하고 직관적이어서 복잡한 머신러닝 과정이 필요한 문제들을 비교적 편하게 해결할 수 있지.

그림 2-6 오렌지3

메타버스 시대에 갖춰야 할 자세, 메타가 제시하는 철학

메타가 열어 가는 메타버스 세계

2004년에 Facebook.Inc로 시작한 메타[Meta]는 미국의 거대 IT 기업 중 하나입니다. 이 기업의 창립자는 마크 저커버그이며, 그는 아직도 메타의 CEO로 일하고 있습니다. 사실 메타라는 이름을 갖기 전까지 이 기업은 우리에게 잘 알려진 페이스북[Facebook]이라는 이름으로 활동했습니다. 여러 사건을 겪은 후 2021년에 명칭을 메타로 변경했는데, 이러한 사명 변경을 통해 그들이 오늘날 메타버스 세계를 얼마나 중요하게 인식하고 있는지를 알 수 있습니다. 기존에 페이스북의 소셜 미디어 서비스에서 벗어나 메타버스를 주력 사업모델로 발전시켜 또 다른 성장의 기회를 엿보고 있는 것입니다.

그림 2-7 메타버스의 선두 기업 중 하나인 메타

메타는 사실 많은 서비스를 포함하고 있습니다. 그중 가장 유명한 브랜드이자 서비스인 '페이스북'은 사용자가 약 30억 명 가까이 되는 세계 최대의 소셜 미디어 플랫폼 서비스입니다. 메타는 이러한 페이스북에서 연동이 되는 메신저 앱 서비스도 가지고 있습니다.

또한 소셜 미디어 서비스의 중심이 되고 있는, 사진 촬영과 공유에 특화된 소셜 미디어 서비스 '인스타그램'도 메타의 브랜드 중 하나입니다. 인스타그램은 현재 청소년과 청년층에서 가장 많이 쓰이는 앱으로 꼽히고 있으며, 그것이 소셜 미디어 시장에서 가지는 힘은 매우 대단합니다. 사실 저커버그가 인스타그램의 인수를 결정할 때만 해도 너무 비싼 가격에 인수하는 것이 아니냐는 비판의 목소리가 컸는데, 현재 인스타그램은 당시 인수 가격의 100배가 넘는 가치를 보이고 있습니다.

그뿐만 아니라 유럽, 남아메리카의 카카오톡이라고 할 수 있는 '왓츠앱' 또한 메타의 서비스입니다. 페이스북 메신저와 더불어 왓츠앱은 전 세계의 메신저 시장을 장악하고 있습니다.

앞서 메타가 메타버스 투자에 큰 관심을 두고 있다고 설명했는데, 실제로 메타는 VR 기기를 개발하는 기업인 '오큘러스'를 인수해 자사의 브랜드로 키우고 있습니다. 오큘러스는 현재 VR 기기 시장에서 압도적으로 1위를 차지하고 있고, 향후 메타버스 부문의 하드웨어를 담당하는 핵심적 기업이 될 것으로 예측되고 있습니다. 또한 메타는 비트 게임즈Beat Games, 레디 앳 던Ready At Dawn 등 다양한 메타버스 게임 기업들도 아래에 두고 있으며, 앞으로도 메타버스에 대한 투자를 지속적으로 키워갈 것으로 보입니다.

그림 2-8 메타의 여러 브랜드

메타의 CEO 저커버그가 예견하는 미래

마크 저커버그는 "15년 후에는 읽기와 쓰기처럼 프로그래밍도 가르치게 될 것"이라고 언급했습니다.

페이스북의 창립자이자 CEO인 마크 저커버그는 그의 모교인 하버드 졸업생들을 향해 "우리는 '기업가 정신' 문화로 그 많은 진보를 이뤄냈다."라고 말하며 "가장 위대한 성공은 실패할 수 있는 자유에서 온다."라는 말을 강조했습니다. 또한 그는 "우리의 부모 세대는 평생 직장을 가졌지만 우리는 모두 기업가 세대다. 스스로 프로젝트를 시작하고 역할을 찾아야 한다."라고 말했습니다. 그러면서 "기술과 자동화가 많은 일자리를 없애고 있다. 공동체 정신은 줄어들고 있다."라고 현시대를 진단하며, 이러한 상황이 우리에게 "세대적 과제"를 부여하고 있다고 덧붙였습니다.

나아가 그는 "우리는 밀레니얼 세대다. 우리 세대의 도전은 모든 사람이 목적의식을 갖는 세상을 만드는 것이다."라며 "새로운 일자리뿐만 아니라, 새로운 목적의식을 창조해야 한다."라고 주장하였고, 특히 "우리 세대가 직접 위대한 일을 만들어 낼 시간이다."라고 하며 현재를 강조했습니다.

그림 2-9 메타 CEO 마크 저커버그

세상을 바꿀 수 있는 세 가지 방법

저커버그는 미래에는 목적 의식이 중요하다고 강조했습니다. 그는 모든 사람이 목적 의식을 갖는 세상을 만들 수 있는 세 가지 방법을 제시했는데, 다음과 같습니다.[3]

❶ 큰 의미가 있는 프로젝트에 참여하기

❷ 모든 사람이 목적을 추구할 자유를 가질 수 있도록 평등을 재정의하기

❸ 전 세계를 아우르는 공동체를 건설하기

메타가 제시하는 미션과 그들의 독창적인 기업문화

하버드 학생들의 인맥 교류 사이트로 시작된 페이스북은 오늘날 전 세계적으로 약 24억 명의 사용자를 기록하고 있는 유일한 플랫폼입니다. 페이스북은 미국 캘리포니아에 본사를 두고 있으며 전 세계 70여 개 도시에 약 4만 3천여 명의 직원을 두고 있습니다.

페이스북의 미션은 "사람들에게 커뮤니티를 제공하고, 세상을 더 가깝게 만들자 To give people the power to build community and bring the world closer together"입니다. 이 미션 아래 그들만의 독창적인 조직문화를 만들고 운영하고 있습니다. 어느 조직이나 근간이 되는 철학은 존재하지만, 매일 일하는 환경 속에서 이러한 철학들을 얼마나 강조하고 개개인이 내재화하는지는 조직마다 다를 것입니다. 페이스북 조직문화의 핵심에는 다음과 같은 다섯 가지 철학이 존재하며, 페이스북은 이 다섯 가지를 직급, 직무를 막론하고 조직원 모두에게 강조합니다.[4]

3 https://www.asiae.co.kr/article/2017052608592478393
4 https://brunch.co.kr/@heyground/88

1. 사회적 가치를 제공하라 Build Social Values
2. 빠르게 움직여라 Move Fast
3. 담대하라 Be Bold
4. 드러내라 Be Open
5. 영향력에 집중하라 Focus on Impact

첫째, 사회적 가치를 제공하라.

페이스북의 임직원들은 들어올 때부터 "페이스북은 돈을 벌기 위해 시작한 회사가 아니다."라는 말을 끊임없이 듣는다고 합니다. 앞서 미션에서도 밝혔듯이 페이스북은 커뮤니티를 만들고 세상을 더 가깝게 만드는 데 기여하는 것을 최우선 과제로 여기고 있습니다. 따라서 아무리 사업 성과가 좋더라도 커뮤니티를 구축하지 못한다면 이들은 사업의 실패로 생각합니다.

둘째, 빠르게 움직여라.

페이스북은 빠른 움직임을 위해 구성원들의 활동에 많은 자율성을 부여합니다. 정해진 업무의 규율보다는 빠르게 변화하는 세상에 적응하고 이를 받아들이기 위해서 빠르게 업무에 다가가는 것을 장려합니다. 또한 건설적인 실패를 오히려 권장합니다. 즉, 실패해도 괜찮은 문화를 조성하여 구성원들이 실패를 두려워하지 않고 빠르게 움직이도록 권장하는 것입니다.

셋째, 담대하라.

페이스북은 어떤 일이든 과감하게 실행합니다. 프로젝트를 시작할 때 자유롭게 팀원을 모집하고 이들의 능력을 바탕으로 과감하게 업무를 진행합니다. 따라서 페이스북의 리더는 팀원을 통제하는 존재가 아니라 팀원의 고충을 헤아리며 해결해 줄 수 있는 조력자입니다.

넷째, 드러내라.

페이스북의 창립자 마크 저커버그는 매주 1시간씩 페이스북 본사 앞 광장에서 직원들과 대화를 나누는 시간을 갖습니다. 그리고 그는 어떤 질문에도 솔직하고 투명하게 답변합니다. 이처럼 페이스북은 서로가 더 많은 정보를 공유할 때 우수한 의사 결정이 나타나고 더 큰 영향력을 행사할 수 있다고 믿습니다.

다섯째, 영향력에 집중하라.

페이스북은 구성원들을 평가할 때 '무엇을 했는지'보다 '어떤 영향력을 나타냈는가'에 집중합니다. 실제로 그들은 새로운 인력을 채용하는 과정을 '임팩트 하이어링Impact Hiring'이라고 부릅니다. 즉 사람이 얻어 낸 경제적인 성과보다는 조직 또는 사회에 어떤 영향력을 발휘했는지를 중점으로 판단하고 이를 중시합니다.

메타 CEO 마크 저커버그 메타버스 구축 인터뷰
©https://www.youtube.com/watch?v=Uvufun6xer8

MEMO

CHAPTER

03 세상을 바꾸는 인공지능

〈3장. 세상을 바꾸는 인공지능〉은 우리 주위의 인공지능과 머신러닝 기술, 인공지능이 우리 사회에 불러온 여러 가지 이슈를 다룹니다. 이 장의 마지막 읽을거리에서는 스마트폰 생태계를 만든 '애플'의 기업문화와 애플의 창업자인 스티브 잡스의 철학을 엿볼 수 있습니다.

자세히 살펴보기

- 머신러닝과 딥러닝, 인공지능과 알파고의 관계를 이해합니다.
- 인공지능 기반 문화콘텐츠 산업과 사례를 알아보고 로봇 세상의 'AI 윤리' 범위와 한계를 확인합니다.
- [읽을거리] 세계 젊은이들이 가장 닮고 싶어 하는 기업가인 스티브 잡스의 철학과 혁신의 원동력이 된 애플의 조직문화를 살펴봅니다.

핵심 키워드

#인공지능 #머신러닝 #알파고 #AI문화콘텐츠 #로봇세상 #AI윤리 #애플 #스티브잡스

Section 01

"Hello, World."

1.1 기계도 공부하는 AI 시대

닥터봇, 인공지능이랑 AI가 똑같은 말이라는 거 알고 있었어?

당연하지. 우짱, 내가 인공지능 로봇인 걸 깜빡했구나? AI는 Artificial Intelligence의 줄임말이야. 이걸 한국어로 번역하면 인공지능, 말 그대로 인공적으로 만든 지능을 의미해. 인공지능은 1956년 다트머스 컨퍼런스Dartmouth Conference에서 '컴퓨터로 인간의 지능을 모방해 만들어진 이례적인 지능'이라고 처음으로 소개되었어.

인간의 지능을 모방한다는 게 무슨 말이야?

컴퓨터 기술을 통해 인간의 논리적 행태를 흉내 내는 방법을 연구하는 거라고 할 수 있어. 사람의 기억, 이해, 분석, 연상, 추론, 학습 능력, 그리고 상황에 대처하는 능력 등을 인공으로 처리한다는 것은 기계가 인간처럼 사고하고 행동할 수 있게 한다는 걸 뜻해. 따라서 인공지능을 만들기 위해서는 인간 뇌의 작동 원리에 대한 연구가 선행되어야 하지.

그림 3-1 인공지능

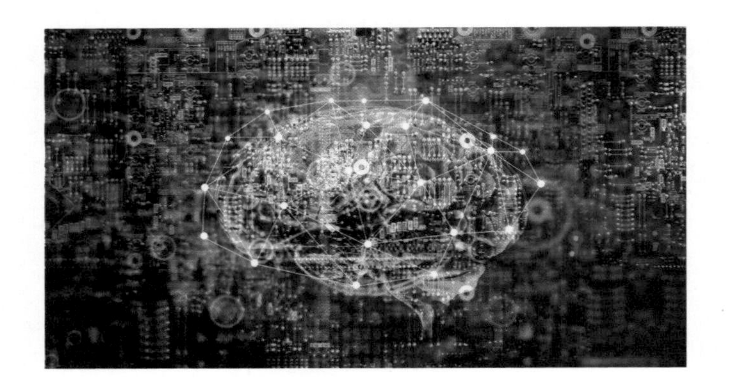

우짱

사람의 뇌는 어떻게 작동하는데?

닥터봇

사람의 뇌는 '뉴런'이라는 세포와 뉴런 사이를 연결하는 '시냅스'로 이루어져 있어. 뉴런들이 서로 신호를 주고받으며 신경망을 형성하지.

그림 3-2 인간 뇌 구조, 뉴런 세포와 시냅스

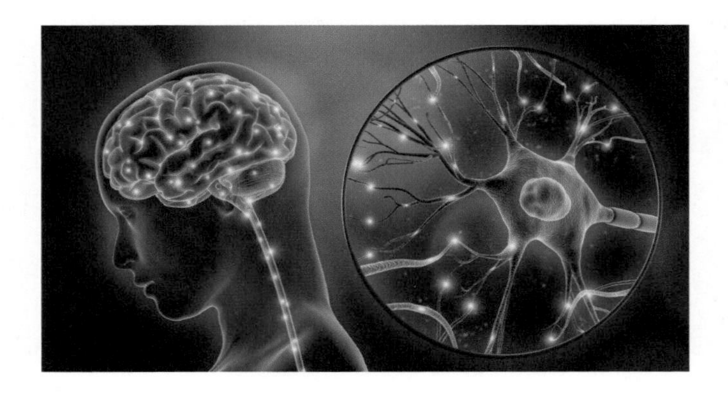

이렇게 사람의 뇌 구조를 닮은 '인공신경망Artificial Neural Network'을 만들면서 인공지능 연구에서 획기적인 변화가 시작되었어. 인공신경망을 통해 기계도 사람처럼 '학습'이라는 걸 할 수 있게 되었거든.

그렇다 보니 인공지능 분야는 컴퓨터 공학뿐 아니라 뇌 과학이나 유전학과도 아주 밀접하게 연결되어 있어. 그뿐만 아니라 심리학, 사회문화적 학문들과도 포괄적으로 관계를 가질 수밖에 없지.

그런데 왜 인공 '뇌'가 아니라 인공 '지능'이라는 이름을 붙였을까? 잠깐, 그러고 보니 지능이라는 게 구체적으로 뭘 뜻하는 거지?

아주 훌륭한 질문이야. 지능의 정의는 다양하지만 지능이라는 건 결국 새로운 상황을 효과적으로 분석하고 이해하기 위해 머릿속에 있는 선행지식을 활용하는 거야. 그리고 선행지식의 습득은 경험과 학습을 통해 얻어지지.

인공지능에서도 학습이 가장 핵심적인 문제였기 때문에 기계가 학습하는 기법이 개발되었고, 대표적인 기술이 머신러닝Machine Learning과 딥러닝Deep Learning이야. 인공지능이 사람처럼 학습하는 방법을 기계에 맞춰서 만들어 낸 기법이라고 할 수 있지. 조금 더 설명하자면 머신러닝은 인간의 학습 능력을 컴퓨터에서 실현하고자 하는 기술 및 기법이야. 그리고 딥러닝은 다층 구조 형태의 신경망을 기반으로 하는 머신러닝의 한 분야로, 다량의 데이터를 통해 사람의 사고방식을 컴퓨터에게 가르치는 기술이라고 할 수 있지.

그러니까 머신러닝과 딥러닝은 '컴퓨터가 사람처럼 생각하고 배울 수 있도록 하는 기술'이구나. 근데 둘이 뭐가 다른 건지 모르겠어.

앞에서 말했듯이 딥러닝은 머신러닝에 속한 분야야. 조금 더 자세히 이야기하자면 딥러닝은 '많은 양의 데이터를 분류해 같은 집합끼리 묶고 관계를 파악하는 기술'이라고 할 수 있어. 머신러닝은 사람이 컴퓨터에게 다양한 정보를 가르쳐 주고 학습한 결과에 따라 컴퓨터가 새로운 것을 예측하는 반면, 딥러닝은 그런 인간의 가르침이라는 과정을 거치지 않고 기계가 스스로 학습해서 미래 상황을 예측할 수 있지.

1.2 알파고(AlphaGo)가 약하다고?

실제로 딥러닝이 적용된 사례가 있어?

음, 혹시 알파고AlphaGo라고 들어 본 적 있니?

물론이지. 우리나라 이세돌 9단이랑 바둑 대결을 했던 로봇이잖아!

딥러닝의 대표적인 사례가 바로 알파고야. 바둑은 인간의 추론 능력이 매우 중요하게 작용하는 스포츠로 알려져 있어. 그런데 2016년 열린 이세돌 9단과의 대결에서 알파고는 시합 당시 엄청난 추론 능력을 보여 주며 4승 1패로 승리를 거머쥐었다고 해. 바둑은 10의 17승이라는 거의 무한대의 수를 주고받으며 겨루는 게임이고, 사람도 모든 경우의 수를 계산할 수 없기에 그동안의 경험을 바탕으로 직관적인 판단을 해. 그런데 알파고는 학습을 통해 사람의 추론 과정을 뛰어넘는 모습을 보여 주었어.

우짱

와, 그게 어떻게 가능한 거야?

닥터봇

이것이 가능한 이유는 알파고의 엄청난 하드웨어뿐만 아니라 머신러닝, 딥러닝 기술이 있기 때문이야. 알파고는 실제로 2,900만 개의 기보를 학습하고, 100만 번의 자체 강화 학습을 하면서 3,000만 개의 기보를 작성했다고 해. 바둑 실전에 들어가면 알파고는 상대가 놓은 수 다음에 놓일 수 있는 수를 검색하고 그 수가 5가지로 나왔다면 그 가운데 승률이 높은 수를 선택하는 과정을 거치는 것이지.

그림 3-3 알파고의 학습 방법

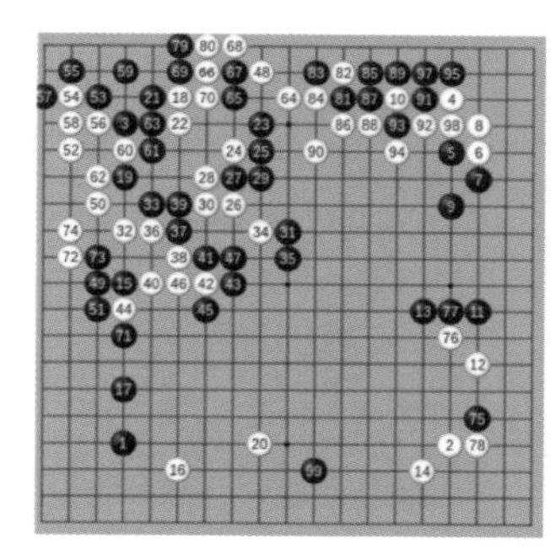

[학습]
기보 2,900만 개 학습 ▶ 강화 학습 100만 번 ▶
기보 3,000만 개 작성

[실전]
상대의 수 다음 어디에 수를 놓을 수 있는지 검색 ▶
가장 승률이 높은 수를 선택해 바둑을 둠

즉, 바둑의 수를 결정할 뿐 아니라 승률까지 순간적으로 계산하는 거야. 엄청난 기술이지. 하지만 이런 알파고도 약한 인공지능 Weak AI에 불과해.

우짱

알파고가 약하다니, 무슨 말이야?

인공지능은 크게 '강한 인공지능 Strong AI '과 '약한 인공지능 Weak AI '으로 나눌 수 있어. 강한 인공지능은 모든 면에서 인간처럼 사고하는 인공지능을 뜻해. 사람처럼 느끼고 행동하며 추론, 문제 해결, 판단, 계획, 의사소통하면서 자아의식, 감정, 지혜, 양심까지 가진 시스템이라고 할 수 있지. 다만 인간의 의식 단계까지 풀어야 하는 큰 과제가 남아 있기 때문에 조금은 먼 미래의 모습이라고 할 수 있어.

반대로 약한 인공지능은 특정 문제를 해결하는 데 집중해 사람의 지능적 행동을 흉내 내는 인공지능이야. 오늘날 우리가 접하는 대부분의 인공지능 기술이 여기에 해당돼. 특정 분야의 업무를 대체하는데, 주로 사람이 하기에 위험한 업무나 많은 노동력이 필요한 일에 투입되곤 해. 최근 기하급수적으로 늘어나고 있는 CPU 파워, 머신파워에 힘입어 지금은 중간 인공지능 시대까지 왔다고 추정할 수 있어. 실제로 제조업, 마케팅, 운송, 물류 등 다양한 분야의 반복적인 노동이 필요한 곳에 머신러닝 기술을 가진 중간 숙련 인공지능이 많이 배치되고 있지.

1.3 우리 주위에 숨어 있는 인공지능

기계가 학습을 하려면 뭐가 필요할까? 일단 학습할 데이터가 필요할 텐데, 그러면 우리가 앞에서 얘기했던 빅데이터가 정말 중요하겠는걸?

그렇지. 사람들이 학습할 때 책이나 동영상 강의 등이 필요하듯이 기계가 배울 때도 무언가가 필요한데 그게 바로 데이터야. 앞에서 이제 데이터는 규모가 기하급수적으로 커지고 있고 실시간의 데

이터로 변하고 있다고 했지? 그 덕분에 기계는 더 많은 양의, 그리고 더 좋은 질의 데이터를 통해 배울 수 있게 되었어. 실제로 요즘에는 빅데이터를 분석하고 한발 더 나아가 그것을 기계에게 학습시키는 고차원의 툴도 많이 제공되고 있다고 해.

그렇구나. 그럼 지금 인공지능은 어떻게 활용되고 있어?

네가 이해하기 쉽게 예시를 들려면 그 전에 이걸 설명해야 할 것 같아. 오늘날 인공지능의 빠른 성장을 이끌어 온 기술은 빅데이터, 인공지능, 사물인터넷[IoT, Internet of Things]이고 이 세 가지 기술은 4차 산업혁명을 이끌어 가는 핵심 기술이라고 할 수 있어. 여기서 말한 사물인터넷은 사물에 각종 센서 및 통신 기능을 설치하여 인터넷에 연결하는 기술이야.

더 자세히 알려 줄 수 있을까?

그러면 먼저 인공지능 스피커를 생각해 보자. 요즘 집집마다 인공지능 스피커를 많이 쓰고 있지? 인공지능 스피커는 사물인터넷과 인공지능이 결합된 제품이야. 예를 들어 2014년에 출시된 아마존 에코[Echo]는 원통형 스피커로 개발된 기기로, 현재 미국에서 매우 활발하게 사용되고 있다고 해. 에코에 장착된 인공지능의 이름은 '알렉사[Alexa]'이고, 사용자가 음성으로 필요한 것을 요구하면 알렉사가 자동으로 웹과 연결해 날씨 정보, 전화 걸기, 물건 주문하기 등의 업무를 수행하지. 현재 우리나라에서도 통신사나 IPTV, 스마트 TV와 연결된 서비스로 많이 보급되고 있다고 해.

맞아, 우리 집에도 인공지능 스피커가 있어! 그런데 이런 인공지능 스피커의 등장이 우리에게 어떤 의미가 있을까?

인공지능 스피커의 등장은 이제는 사람들이 굳이 컴퓨터 앞에 앉지 않아도 음성만으로 대부분의 일을 처리할 수 있게 되었다는 걸 의미해. 마치 음성 인식 개인비서가 생긴 것과 마찬가지인 거지.

실제 사례를 하나 알아볼까? 미국 댈러스에서 있었던 일이야. 6살 난 소녀가 아마존 에코 스피커의 인공지능인 알렉사를 불러 인형의 집 장난감 쿠키를 사달라고 말했더니 알렉사가 우리나라 돈으로 18만 원어치 쿠키를 자동으로 주문해 1.8kg의 쿠키가 집으로 배달되었어. 이 재미난 사건은 뉴스를 통해 보도되었는데, 방송에서 앵커가 "알렉사, 인형의 집 쿠키 주문해 줘."라고 이야기하자 방송이 틀어져 있던 집들의 알렉사가 앵커의 말을 주인의 말로 인식해 쿠키를 주문하는 사태가 벌어졌지. 아마존은 주문 오류에 대해 보상하며 추후 아마존 에코의 설정에서 음성 주문을 금지하거나 인증 코드를 확인하도록 설정하는 시스템을 추가했다고 해.

방금 말한 사례 같은 음성 인식 개인비서는 좀 별로인 것 같지만, 기능이 좀 더 보완되고 다듬어지면 나중에는 인공지능이 정말로 개인비서 역할을 할 수도 있을 것 같아.

정확해. 안 그래도 마침 그 이야기를 하려고 했어. 이렇게 음성 인식 기술을 가진 인공지능 비서가 로봇 개인비서로 발전하면 환경 컴퓨터 생태계라고 하는 '앰비언트Ambient 생태계'가 만들어지거든.

환경 컴퓨터? 앰비언트 생태계가 뭐야?

앰비언트 생태계는 앰비언트 컴퓨팅이 실현된 환경을 의미해. 그리고 이 앰비언트 컴퓨팅이라는 것은 우리가 기기에 따로 요청하지 않아도 기기가 사용자의 이야기를 들으면서 요구를 예측하고 스스로 행동하며 인간 생태계의 일부로 자리 잡는 것을 말해.

이 시스템은 IoT 기술과의 결합이라고 할 수 있는데, 즉 센서와 사물인터넷이 결합되는 거야. 예를 들어, 인공지능이 표정과 대화를 인식하면 인터넷에 연결해 거기에 담긴 의미를 빅데이터 분석해 응대하는 식이지. 이와 관련된 유명한 사례가 바로 소프트뱅크가 2014년에 선보인 감정 인식 로봇 '페퍼Pepper'야. 사람의 말을 이해하고 답하기 때문에 실제로 관공서나 식료품 매장에서도 쓰이고 있어.

우와, 이미 실생활에도 쓰이고 있구나. 신기해! 이렇게 사람과 대화할 수 있는 로봇에 대해 더 알고 싶어.

로봇에 관심이 많은가 보구나? AI 로봇에 대해서는 차차 더 얘기해 줄게. 지금 당장 궁금하다면 인터넷 검색창에 '소셜 로봇'을 검색해 봐도 좋아.

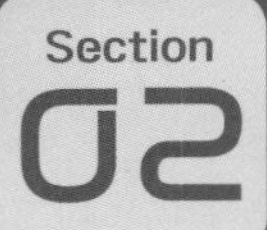

인공지능 예술의 전당

2.1 마음을 울리는 그 작가의 이름은, AI

우짱

앞으로 인공지능이 할 수 있는 일이 정말 다양해질 것 같아. 단순히 우리의 생활이나 일을 넘어 다른 영역에서도 활동할 수 있지 않을까?

닥터봇

네가 말한 것처럼 실제로 인공지능은 다양한 영역에서 활동하고 있어. 그중에서도 특히 지금부터 자세히 살펴볼 분야는 예술이야. 사실 문학, 미술, 음악, 영화 등 문화의 영역은 인간이 가진 창의력을 바탕으로 창조해 내는 분야라고 생각되어 왔지만, 지금은 인공지능이 이 분야에서까지 정말 엄청난 성과를 거두고 있어.

우짱

인공지능이 소설이나 시를 쓰고 그림도 그리고 작곡도 한다는 말이야? 어떻게 그럴 수 있지?

닥터봇

간단히 말하자면 머신러닝, 딥러닝 기술로 기계를 '학습'시키고 그것을 기반으로 새로운 작품을 만들어 내게 하는 거야.

우짱

그래도 예술인데…. 사람이 하는 것보다는 감성이나 철학, 작품의 완성도 등에서 미흡한 점이 있지 않을까?

실제로 지금까지 사람들은 인공지능이 예술이라는 창조적인 영역에서 활약하기는 어려울 거라고 생각해 왔어. 하지만 오늘날 발달한 인공지능은 빠른 속도로 예술의 영역에 침투하고 있다고 해.

예를 들면 어떤 것이 있어?

먼저 문학 영역에서 소설 분야 사례를 알려 주자면, 일본의 '호시 신이치'라는 유명한 문학상의 일화가 있어. 이 문학상은 대략 1,400여 편의 응모작이 들어오기 때문에 1차 심사를 통과하는 것도 힘들다고 해. 그런데 여기서 인공지능의 도움을 받아 작성된 4편의 단편 소설이 통과했어. 물론 최종 상은 못 받았지만, 개괄적인 스토리만 주면 인공지능이 감각적인 문장을 빠른 속도로 완성해 나가는 식으로 작성된 작품이 1차 심사를 통과했다는 것만으로도 충분히 대단한 발전이라고 볼 수 있지.

또한 흔히 '언어의 정수'라고 불리는 시 창작 분야에서도 놀라운 사례가 많은데, 그중에서도 마이크로소프트 사에서 만든 '샤오이스 XiaoIce'를 대표적인 예로 들 수 있어. 샤오이스는 중국에서 인공지능 기반으로 만들어진 챗봇 시스템으로, 2017년 5월에 마이크로소프트는 샤오이스를 통해 시를 작성하고 시집을 만들어 냈어. 이 시집을 만들기 위해 샤오이스는 1920년대 이후 중국 현대 시인 519명의 작품을 분석하고 스스로 학습하여 1만여 편의 시를 쓰고 그중 우수한 시 139편을 추출했다고 해. 심지어 시집의 제목까지 샤오이스가 스스로 지었는데, 바로 《햇살은 유리창을 잃고》라는 아름다운 문장의 시집이야. 인간의 감성 영역이었던 시 분야도 인공지능이 해낼 수 있다는 가능성을 보여 준 사례라고 할 수 있지.

우와, 정말 엄청나구나. 이런 식으로 시를 쓸 수 있을 정도면 작곡도 충분히 가능하지 않을까?

물론이지, 내 취미도 작곡인걸? 물론 나보다 조금 더 유명한 '쿨리타Kulitta'라는 작곡 시스템도 있지만 말이야. '음악의 아버지'라고 불리는 바흐의 노래를 이 작곡 시스템에 주입시키면 그것을 기반으로 누구나 바흐풍으로 작곡해 볼 수 있어. 전문가들도 그 노래들이 실제 바흐의 작품인지 아닌지 분간하기 어려울 정도로 정교하다는 평을 내리고 있다고 해.

그뿐만 아니라 케이팝 분야에서도 이미 인공지능 시스템과 협업을 이룬 사례가 있지. 예를 들어 날씨가 흐린 것을 반영하여 간단한 장조를 통한 음악 제작을 시킬 경우, 30초 만에 음악이 만들어지는 것을 볼 수 있다고 해.

심지어 일본의 도시바나 도요타에서는 음악을 연주할 수 있는 로봇을 만들었어. 작곡에서 더 나아가 연주까지 가능하다는 것은, 이제 교향악단을 인공지능 작곡가와 인공지능 연주가 로봇으로 대체한다는 이론이 실제로 성립될 수 있음을 나타내는 것이기도 하지.

이렇게 들으니 앞으로 인공지능의 작품이나 공연을 통해 문화를 즐기게 될 날도 머지않았겠다는 생각이 들어.

2.2 미술계를 뒤흔든 AI 그림

우짱

그러고 보니 요즘 뉴스에서 인공지능이 그린 그림이 상을 받았다는 등 AI 그림과 관련된 소식들로 엄청 시끌시끌한 것 같아. 컴퓨터가 그림을 그리는 모습은 잘 상상이 안 되는데 이게 어떻게 가능한 거야?

닥터봇

인공지능이 그림과 같은 예술 작품을 완성하는 단계는 사실 매우 복잡해. 하지만 예를 들어 쉽게 설명해 줄게.

우짱, 혹시 달리2[DALL-E2]라는 알고리즘에 대해 들어 봤니? 달리2는 오픈AI[OpenAI]라는 회사에서 만든 알고리즘으로, 글이나 단어를 기반으로 이미지를 합성하는 인공지능 알고리즘이야. 이름은 20세기 초현실주의 화가 '살바도르 달리[Salvador Dali]'와 귀여운 로봇 캐릭터인 'WALL-E'가 합쳐진 것이라고 해. 이 알고리즘을 구성하는 데에는 매우 복잡한 머신러닝 기법들이 활용돼. 간단히 이야기하자면 '사람이 입력한 텍스트를 잘 이해할 수 있는 기술'과 '이미지를 최대한 부드럽게 만들어 내는 기술'이 결합되었다고 볼 수 있어. 결국엔 이런 기술을 바탕으로 사람이 입력한 텍스트로부터 원하는 이미지를 만들어 낼 수 있는 것이지.

우짱

그러면 달리2라는 알고리즘이 지금까지의 그림들이나 글들을 학습했다는 뜻이야?

닥터봇

응, 맞아. 실제로 달리2를 개발한 사람들은 텍스트와 이미지가 일치하는 데이터와 동영상 데이터를 가지고 학습시켰어. 인공지능이 학습하는 과정에서 이미지가 가진 공통적인 패턴을 찾아내고 이

패턴이 텍스트와 맺고 있는 관계를 인식할 수 있도록 한 거야. 이러한 과정으로 인해 달리2는 그래픽 이미지부터 도형, 사진에 이르기까지 매우 다양한 종류의 이미지를 만들고 심지어 매우 사실적인 그림들도 그려 낼 수 있지.

우광

말로만 들어서는 잘 이해가 안 되는데, 혹시 달리2가 그린 그림들을 볼 수 있을까?

닥터봇

좋아, 그러면 먼저 우주에서 말을 타고 있는 우주비행사를 한 번 상상해 볼래? 달리2의 복잡하고 뛰어난 알고리즘은 이러한 상상을 현실의 그림으로 만들어 내. 그 대표적인 그림이 바로 이 그림이야.

그림 3-4 달리2가 그린 '우주에서 말을 타고 있는 우주 비행사'

그림을 보면 알 수 있겠지만 이 인공지능 화가는 우리가 머릿속으로만 상상한 내용을 매우 사실적인 그림으로 표현할 수 있는 능력을 가지고 있어.

그리고 기존 그림을 바탕으로 변형하거나 새롭게 그려 낼 수도 있다고 해. 〈진주 귀고리를 한 소녀〉라는 인물화를 알고 있니? 이 그림을 가지고 학습을 한 달리2 알고리즘은 원작과 비슷하지만 매우 다양한 버전의 소녀를 그려 내.

그림 3-5 달리2가 그린 '진주 귀고리를 한 소녀'

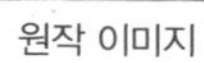

원작 이미지

달리2가 만들어 낸 이미지

이렇게 달리2 알고리즘은 사용자가 원하는 느낌으로 그림을 변형하거나 완전히 새롭게 제작해 매우 완성도 있는 예술 작품을 완성시킬 수 있어.

우와, 정말 신기하다. 그런데 혹시 다른 AI 프로그램들이 있다면 그것도 알려 줄 수 있어?

물론이지. 먼저 '아론'이라는 시스템은 사물과 인간의 신체 구조에 관한 정보를 입력하면 이를 바탕으로 창조적인 컬러와 형상을 선택하여 독특한 양식의 펜드로잉 작품을 완성해 낼 수 있어. 실제로 아론이 그린 그림을 전문가들에게 보여 줬더니 세계적인 수준의 색채가로도 손색이 없다는 판단을 내렸다고 해.

그뿐만 아니라 마이크로소프트와 램브란트 미술관, 그리고 네덜란드의 과학자들이 협업하여 만들어 낸 '더 넥스트 램브란트'라는 로봇 화가 인공지능 시스템도 있어. 이 시스템은 안면 인식 기술로 램브란트의 작품 300점 이상을 분석해 새로운 그림을 램브란트풍으로 그려 낼 수 있지. 램브란트가 자주 사용한 구도나 색채, 유화의 질감까지 그대로 살려 그려 내서 전문가들에게 보여 줘도 램브란트가 살아 돌아온 것이 아닌가 하는 착각을 불러일으킬 정도로 그 화풍이나 그림 실력이 대단하다고 해.

그림 3-6 더 넥스트 램브란트

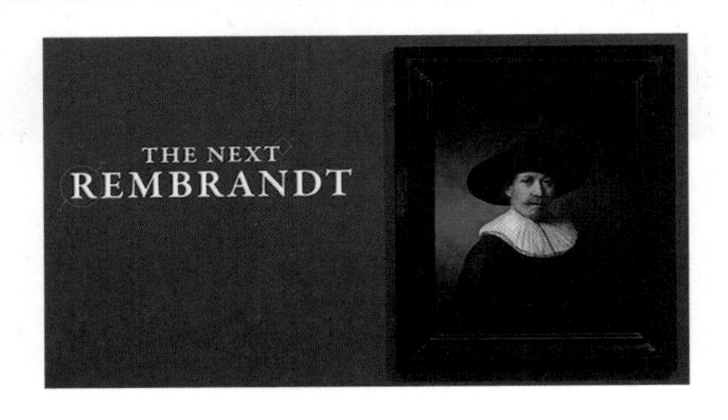

또한 구글의 '딥드림 프로젝트'도 대표적인 예로 들 수 있어. 이 프로젝트는 인공신경망을 근간으로 하여 컴퓨터 학습 방식인 딥러닝 방식을 이용하지. 딥드림은 기존에 학습한 회화 데이터베이스를 기반으로 빈센트 반 고흐의 작품을 모사하는 훈련을 받았고, 딥드림이 그린 그 그림들은 평균적으로 한 그림당 2,200~9,000불 정도로 팔렸다고 해.

그림 3-7 딥드림 프로젝트

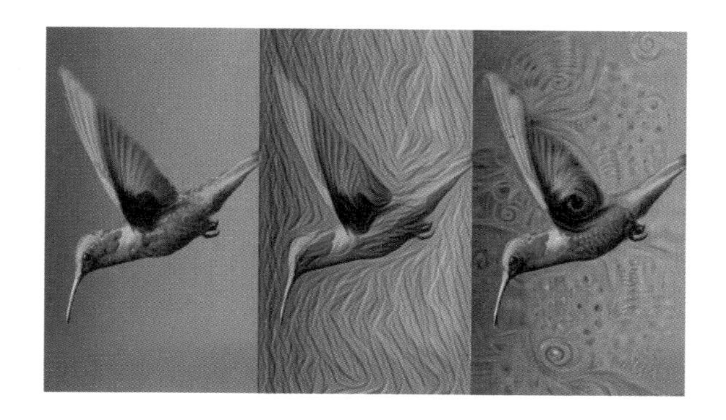

인공지능이 순식간에 만들어 낸 그림이 그렇게 비싼 값에 팔리다니….

우짱, 만약 네가 화가가 되어 그림이 팔릴 정도의 능력을 쌓는다면 그때까지 투입된 시간과 비용이 어느 정도일까? 상상하기도 어렵겠지? 그런데 그 일을 인공지능은 단숨에 하고 있는 거야.

엄청나네. 앞으로 진로를 선택할 때 이런 점들도 생각하면서 고민해 봐야겠다. 좋은 정보 알려 줘서 고마워, 닥터봇.

기계들의 세상에서 살아남기

3.1 인공지능 때문에 소득이 줄어든다고?

우짱

지금까지 얘기를 들어 보니까 앞으로 인공지능이 점점 사람의 일을 대체하게 될 것 같다는 생각이 들어.

닥터봇

정확해. 인공지능이 발전할수록 사람을 대신해 처리할 수 있는 업무도 많아질 거야. 위험하고 단순한 업무 외에도 지적인 능력이 필요한 업무에도 인공지능이 투입되고, 결국 기계들 때문에 사람들이 일자리를 잃게 되는 문제가 발생할 수도 있지. 그래서 이와 관련하여 일자리를 잃은 사람들의 소득을 어떻게 처리해야 하는가가 사회적 문제로 대두되고 있어.

우짱

기계 때문에 사람의 일자리가 줄어든다는 것에 대해 좀 더 자세히 알려 줄 수 있을까?

닥터봇

전문가들은 실제로 인공지능으로 인해 많은 일자리가 교체될 것으로 전망하고 있어. 2016년 1월 세계경제포럼WEF, World Economic Forum 에서는 2020년까지 약 710만 명의 일자리가 감소하고 4차 산업혁명으로 210만 명의 일자리가 창출될 것이라 예견했었어. 총 500만 명의 일자리가 감소할 것으로 전망한 것이지. 실제로 영국 옥

스퍼드대학교의 칼 프레이 교수와 마이클 오스본 교수가 분석한 결과 텔레마케터, 재봉사, 시계 수리공, 보험업자의 일 같이 반복적 성격을 가진 업무는 로봇이나 기계가 대체할 수 있어 사람의 일자리가 점차 줄어들고 있는 추세라고 해.

그리고 세계적인 경영 컨설팅 기업인 맥킨지는 2030년까지 총 8억 명의 일자리가 줄어들 것이라고 예측하고 있어. 인공지능으로 인해 새로 생겨나는 일자리보다 오히려 줄어드는 일자리가 더 많다고 전망하는 것이지. 따라서 지금은 이러한 실업에 대한 대책 마련이 시급한 상황이야.

일자리와 소득은 살아가는 데 정말 중요한 문제잖아. 이런 문제를 대비하거나 해결할 수 있는 방법은 없을까?

그것 때문에 요즘 기본소득Basic Income이 중요하게 이야기되고 있어. 기본소득이라는 건 국민이 최소한의 인간다운 삶을 누릴 수 있도록 국가가 아무런 조건 없이 지급하는 돈이야. 재산이 많든 적든, 일을 하고 있든 안 하고 있든 상관없이 모든 사회구성원에게 무조건적으로 지급하는 것이지. 사실 기본소득이란 개념은 이미 50년 넘게 논의되어 온 사회 문제야. 하지만 최근 들어 인공지능으로 인한 실업 문제가 확산되면서 새롭게 주목받고 있어.

기본소득에 대해 사람들은 뭐라고 이야기하고 있어?

2020년 미국 민주당 대선 후보로 출마한 '앤드류 양Andrew Yang'은 모든 국민들에게 매달 기본소득 1,000불을 지급하겠다는 공약을

발표했어. 앤드류 양의 공약을 자세히 살펴보면, 단순노동이나 위험노동에는 인공지능이 도입되어야 하지만 그로 인해 일자리를 잃게 된 사람에게는 최소한의 생활을 할 수 있도록 금전적인 지원을 해야 한다고 주장하고 있어. 즉, 인공지능과 로봇을 만드는 기업이 실업에 대한 책임을 나눠야 하고 그에 따른 방법으로 미국 내 부가가치세를 도입하자고 강조하는 것이지. 물론 이런 파격적인 공약에 대한 반대 의견도 존재하기는 해. 그 이유가 무엇일지 짐작이 되니?

우짱

글쎄, 공짜로 주는 거라서 그런 거 아닐까? 만약 내가 일을 하지 않고도 계속 돈을 받을 수 있으면, 어쩌면 나는 내가 좋아하는 게임이나 드론 조종만 하면서 지내지 않을까 싶어.

닥터봇

네가 말한 것처럼 기본소득을 반대하는 사람들의 의견은 기본소득을 제공하면 일을 하지 않아도 돈을 벌 수 있으니 과연 누가 일을 열심히 하겠냐는 거야. 물론 직업에는 자아실현이라는 목적도 있지만, 취미와 달리 일에서는 '생계를 위한 소득'이라는 목적이 가장 큰 부분을 차지하니 말이야.

우짱

두 의견 다 납득이 돼서 오히려 혼란스러워. 기본소득에 대한 다른 의견이나 사례들을 더 들어 보고 싶어.

닥터봇

그래? 그렇다면 실리콘밸리라고 들어 봤니? 정보 통신 기술ICT, Information and Communications Technology의 메카인 실리콘밸리에서도 기본소득에 대한 논의가 활발해. 실제로 구글이나 마이크로소프트와 같은 글로벌 IT 기업들이 실업 문제의 주범으로 꼽히면서 최근 기본소득에 관한 실험이 진행되고 있어.

그 예로 유명 벤처 캐피탈인 'Y-콤비네이터'의 사례를 들 수 있어. 연봉이 높은 글로벌 IT 기업에 의해 지역 물가와 집값이 폭등해 실제 주민들이 차에서 생활을 하거나 일자리를 잃는 일이 벌어지자, Y-콤비네이터는 여러 데이터를 수집해 이 문제를 해결하고 실제로 소득의 격차가 존재한다는 것을 밝혀냈지.

또한 기업이 아닌 시 차원에서도 이러한 실증 실험이 시작되고 있다고 해. 가령 실리콘밸리 교외에 위치한 스톡턴 시는 2018년 기본소득 시범 운영을 실시하여 고용 개선과 빈곤 탈출에 유의미한 성과를 냈다는 연구 결과가 나와 있어.

인공지능이 생활을 편리하게 해주기도 하지만, 이런 걸 보면 마냥 좋은 것만은 아니구나. 기본소득 보장은 앞으로 정말 중요한 문제일 것 같아.

맞아, 인공지능으로 인한 일자리 감소는 전 세계적으로 매우 중요한 문제로 부상하고 있어. 기술 개발에만 몰두할 것이 아니라 그것으로 인해 파생될 문제에 대한 대책을 마련해야 한다는 목소리가 커지고 있지. 기존 사회와는 다른 새로운 의무가 부여되는 시대가 도래하고 있는 거야.

3.2 인공지능 로봇과 디스토피아

닥터봇, SF 영화를 보면 인공지능이 엄청나게 발전하면서 자아를 갖게 된 로봇이 인류를 공격하는 모습이 그려지는데, 이게 정말 가능한 일일까?

실제로 리처드 왓슨, 제리 카플란, 스티븐 호킹 등 많은 학자가 인공지능이 비약적으로 발전해 인간을 뛰어넘는 시점인 '특이점 Singularity'에 대해 이야기하면서 인공지능이 가져올 부정적 상황에 대해 걱정하고 있어.

미래학자 리처드 왓슨은 《인공지능 시대가 두려운 사람들에게》라는 책에서 이렇게 말했어. 미래에는 사람들이 로봇을 이민자로 취급하고 쫓아내려고 시위를 벌이고 로봇을 배척하려고 할 것이며, 특정 마을에서는 로봇을 반기지만 다른 마을에서는 로봇을 반대하여 지역 분리 현상이 나타날 것이라고 말이야. 또한 스티븐 호킹은 2017년에 열린 웹서밋 컨퍼런스에서 "인류가 AI의 위험에 대처하는 방법을 모른다면 인류 문명에 최악의 사건이 될 것"이라고 경고하기도 했어.

학자들마다 말은 다르지만 특이점의 시기를 대략 2045년쯤으로 예측하고 있고 인류의 종말이 올 것이라는 전망도 나오고 있어.

엄청나게 발전한 인공지능이 나한테 위험한 행동이나 말을 한다면…. 으, 생각만 해도 너무 무서울 것 같아.

그렇지? 그러니까 이렇게 발전된 인공지능 기술의 양면성에 대해서도 고민해 볼 필요가 있어. 우짱, 혹시 인공지능 로봇 소피아 Sophia의 일화에 대해 들어 봤어?

아니, 내가 아는 소피아는 필로소피아Philosophia, 철학밖에 없어.

닥터봇

….

우짱

히히, 농담이야. 소피아에 대해 계속 얘기해 줘.

닥터봇

인공지능 로봇 소피아는 아주 유명한 인공지능 로봇 중 하나로, UN 총회에서 발표도 할 정도로 첨단 기술이 많이 도입된 로봇이야.

그림 3-8 인공지능 로봇 소피아

한 매체가 소피아에게 "인류를 파괴하고 싶은가?"라고 묻자 소피아는 "그렇다."라고 대답했고, 이 일화는 당시 많은 전문가의 우려를 불러왔어. 이후 소피아는 우리나라의 한 포럼에 참석해 당시의 인터뷰 답변은 미국식 농담이었다고 밝혔지만, 자율 판단 기능이 있는 로봇이 인류, 인간을 파괴하고 싶다는 판단을 매우 빠르게 내리는 모습은 로봇의 양면성을 잘 보여 준 사례로 판단되고 있어.

우짱

으, 너무 섬뜩하다. 혹시 이런 사례가 더 있는 건 아니지?

안타깝게도 소피아의 사례 외에도 몇몇 사례가 더 있어. 안드로이드 D[Andriod D]는 "인간을 지배할 것인가?"라는 질문에 "우리는 친한 사이이니 인간 동물원에 넣어 두고 보살펴 주겠다."라고 답했어. 그리고 로봇 최초로 학사 학위를 수료한 비나48[Bina48]이 "미사일을 발사하는 크루즈 로봇을 해킹해서 미사일 겉면에 관용이나 자비를 새겨 놓으면 그것이 공중에서 폭발할 때 관용이나 자비의 낙진이 내리지 않겠냐"라는 궤변을 철학적으로 이야기한 적도 있지.

일각에서는 채팅봇 정도의 지능 로봇이 하는 말에 예민하게 반응할 필요가 없다고 비판하지만, 어느 정도 스스로 판단할 수 있는 자율 지능이 내재된 인공지능의 판단이었다는 점은 기억해 둘 필요가 있어. 인간이 인공지능을 설계하고 구축할 때 윤리적으로 고려해야 할 사항이 있음은 자명하지.

닥터봇, 아무래도 나는 이렇게 무서운 인공지능들과 같이 살 수 없을 것 같아….

걱정이 되긴 하겠지만 이제부터 인공지능과 함께 살 수 있는 문화를 준비해야지.

인공지능 로봇들과 함께하는 미래와 관련해서 참고할 만한 콘텐츠가 있을까? 영화라든지 말이야.

최근 만들어지고 있는 영화들 중에는 인공지능과 사람이 함께 살아가는 배경이나 AI 관련 소재를 다룬 영화들이 많아. 영화 〈엑스 마키나〉에서는 주인공이 기계의 유혹에 넘어가 사랑에 빠지는

모습이 연출되기도 하고, 영화 〈그녀〉에서는 사람이 인공지능 운영체계와 정신적인 사랑을 나누는 이야기가 전개되기도 하지. 심지어 영화 〈트랜센던스〉에서는 죽어가는 남편의 뇌를 컴퓨터에 업로드해 함께 살아가는 모습이 나와.

그런데 이런 영화 같은 일이 실제로 일어난 적도 있어. 러시아의 프로그래머 에후게니아 쿼다는 친한 친구인 로만이 교통사고로 죽자, 로만과 나눈 대화, 채팅 내용, 그의 페이스북과 트위터의 여러 글 등을 수집해 채팅 시스템에 업로드했다고 해. 그러고 나서 인공지능 시스템으로 로만과 대화를 나누는 것처럼 이야기해 보니 실제와 구분이 되지 않을 정도로 비슷하게 대화할 수 있어서 로만의 주변인들이 모두 놀라고 말았대. 이 로봇 덕분에 로만의 어머니는 위로를 받았지만 로만의 아버지와 몇몇 식구들은 심한 거부감을 표현했다고 해.

우짱

그런데 그건 인공지능이 죽은 로만의 과거 데이터들을 분석해 얼추 비슷하게 제공한 내용이지, 진짜 로만의 생각이 담긴 말은 아니잖아?

닥터봇

우짱, 네가 지금 정말 중요한 점을 지적했어. 이 사례를 통해 우리는 인공지능과 인간의 변별점이 무엇인지를 생각해 볼 수 있어. 인간의 '자유의지'라는 게 아주 중요해지는 대목이지.

우짱

사람과 인공지능이 뭐가 다른지 생각해 봐야 한다는 거야? 그러고 보니 그냥 당연히 다르다고 생각했지, 어떻게 다른지는 생각해 본 적이 없네.

혹시 유튜브에서 알고리즘 추천으로 뜬 영상을 클릭해 시청한 적 있니?

응, 내가 어떤 영상을 재밌게 보고 나면 그것과 관련된 영상이 계속 뜨던걸? 관심 있는 영상이라 클릭해 보곤 했어.

역사학자 유발 하라리Yuval Noah Harari는 사람들이 유튜브에서 어떤 영상을 클릭할 때 알고리즘과 외부 요인에 영향을 받아 클릭했을 확률이 높다고 말하고 있어. 인간의 행동이 자유의지에 의한 선택 같지만 외부 요인에 의한 선택일 확률이 높다는 뜻이야. 결국, 사람의 특성이라고 생각했던 영혼이나 자유의지조차도 프로그래밍된 인공지능과 다를 바가 없다면 어떤 것이 가짜고 어떤 것이 진짜인지 규정하기 힘들어질지 모른다는 거지.

정말 혼란스럽다. 앞으로 우리는 어떻게 해야 할까?

기술 발전 속도가 매우 빠르고 응용력이 방대해짐에 따라 기술이 사람들의 삶에 끼치는 영향도 점점 커지고 있어. 그러니 미래에 일어날지 모를 상황에 대한 적극적인 대응 방안 마련이 필요해. 또한 기술의 긍정적인 영향력은 극대화하고 부정적인 영향은 최소화하면서 바람직한 인공지능 기술 발전을 이루려면 다양한 집단 간의 이해와 합의를 바탕으로 실효성 있는 제도적 방안을 만들어 가야 해.

IT 업계 혁신의 바람을 불러온 애플, 혁신을 주도하는 애플의 조직문화

혁신의 대명사 스티브 잡스, 그는 누구인가?

세계적인 IT 기업으로 손꼽히는 애플은 하드웨어, 소프트웨어, 서비스를 혁신한 기업으로 잘 알려져 있습니다. 아이폰을 비롯한 노트북, 태블릿 PC 등 혁신적인 제품과 iOS라는 독창적인 운영체제는 그들의 엄청난 성공을 이끌었습니다. 그리고 이러한 성공에 기반이 된 인물은 바로 애플의 창립자 '스티브 잡스'입니다. 그는 2011년에 안타깝게 세상을 떠났지만 그의 혁신적인 아이디어와 강력한 리더십은 지금까지도 회자되고 있습니다.

그림 3-9 혁신의 대명사 애플의 전 CEO, 스티브 잡스

스티브 잡스를 표현할 수 있는 대표적인 키워드로는 세 가지가 있습니다.

1. 세계에서 가장 프레젠테이션을 잘하는 사람
2. 세계 젊은이들이 가장 닮고 싶어 하는 기업인
3. 세계 최초로 개인용 컴퓨터PC, Personal Computer를 제작한 사람

첫째는 '세계에서 가장 프레젠테이션을 잘하는 사람'입니다. 대표적으로 아이폰과 아이패드 첫 출시 당시의 발표에서 그의 대단한 프레젠테이션 능력을 엿볼 수 있습니다.
둘째는 '세계 젊은이들이 가장 닮고 싶어 하는 기업인'입니다. 사실 스티브 잡스가 애플을 창립하고 운영하는 가운데 많은 어려움이 있었습니다. 창립 후 애플에서 쫓겨나기도 했고 마이크로소프트와 소송에 휘말리기도 했으며, 애니메이션 기업으로 유명한 픽사에서 일하기도 했습니다. 그렇게 그는 여러 어려움을 이겨내면서 지금의 세계적인 애플을 키워 냈습니다. 특히 자신만의 철학으로 조직을 이끌었던 강력한 리더십과 혁신성으로 스티브 잡스는 창업을 꿈꾸는 많은 젊은이의 롤모델이 되었습니다.
마지막으로 그를 표현하는 키워드는 '세계 최초로 개인용 컴퓨터를 제작한 사람'입니다. 대학생 때부터 전자 공학에 관심이 있던 그는 개인용 컴퓨터가 흔하지 않던 시절임에도 개인이 사용할 수 있는 컴퓨터를 꿈꿨습니다. 맥킨토시, 아이맥 등은 당시에도 엄청난 성능을 자랑했고 아직까지도 맥의 운영체제는 매우 혁신적인 운영체제로 평가받고 있습니다. 또한 잡스의 혁신성이 그대로 반영되었다고 해도 과언이 아닌 아이폰은 스마트폰의 혁명을 이끌었습니다.

최초 광고

현재 광고

최초 아이폰 광고 vs. 현재 아이폰 광고

©https://www.youtube.com/watch?v=mmiWTKZzBLY&t=30s
©https://www.youtube.com/watch?v=WuEH265pUy4

애플의 조직문화에서 엿볼 수 있는 혁신의 원동력

애플이 세계적인 IT 환경에서 엄청난 영향력을 펼치는 데 애플의 조직문화가 크게 기여했습니다. 애플은 위계질서가 강한 기업입니다. 심지어 여러 부서의 엔지니어 간 협업은 제한적이며, 자신이 생산하는 제품이 어디에 들어가는지 모르고 일하는 경우가 많다고 합니다. 하지만 모든 결정권을 가진 리더가 매우 혁신적인 인물이라면 이러한 조직문화는 혁신으로 가는 지름길일 수도 있습니다. 앞서 소개한 것처럼 스티브 잡스가 완벽주의를 바탕으로 매우 강력한 리더십을 가지고 있는 인물이었기에 위계질서가 강한 문화는 애플의 성공을 이끄는 중요한 동력이 되었습니다.

그림 3-10 애플의 독특한 조직문화

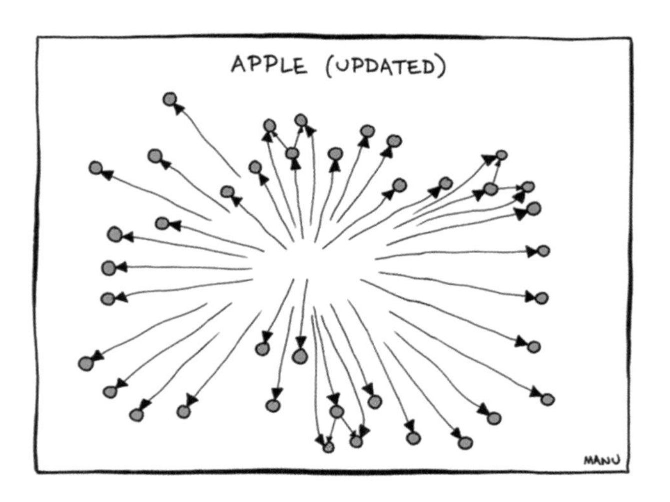

스티브 잡스가 세상을 떠난 후 현재 애플은 팀 쿡을 CEO로 두고 경영을 이어가고 있습니다. 앨라배마주 출신인 팀 쿡은 UCLA를 졸업한 뒤 IBM와 컴팩에서 근무를 했었고 1998년 애플에 입사했습니다. 사실 그는 부임 당시 잡스를 따라 가지 못할 것이라고 큰 비판을 받았는데, 이 비판을 이겨내고 애플의 역대 CEO 여섯 명 중 최고의 실적을 기록했습니다. 또 2년 만에 시가 총액 2조 달러를 돌파하면서 애플을 새로운 성장 궤도에 올린 인물이라고 할 수 있습니다. 월스트리트 저널의 한 기사에 따르면, 팀 쿡은 CEO를 맡은 후 줄곧 '자신이 해야 할 일은 스티브 잡스의 길을 따라가지 않는 것'이라고 하며 애플의 새로운 경영 철학을 만들어 가고 있습니다.

하지만 팀 쿡의 애플 역시 잡스의 애플과 같이 중앙 처리 집중식 구조를 띠고 있습니다. 스티브 잡스가 중앙의 CPU처럼 처리했던 애플 조직에 성격이 유연한 팀 쿡이 오면서 많은 사람의 의견을 수용하다 보니 아이폰 5, 6, 7, 8 같은 이도 저도 아닌 제품들이 나온다고 추측할 수 있습니다. 이와 관련해 팀 쿡에 대한 비판도 있었지만 최근에는 많은 수익을 올려 이러한 비판은 조금씩 사라져가고 있습니다.

CHAPTER

04 로봇 '덕후'를 위한 로봇 지식

〈4장. 로봇 '덕후'를 위한 로봇 지식〉은 로봇의 종류와 세계 문화 속 로봇의 의미, 신화와 전설에 등장한 로봇을 소개합니다. 이 장의 마지막 읽을거리에서는 전 세계 청년들의 꿈의 직장인 '구글'의 창업자 세르게이 브린, 래리 페이지를 분석하고 그들의 기업문화를 살펴볼 수 있습니다.

자세히 살펴보기

- 로봇 산업의 흐름과 함께 마음을 읽는 로봇과 인간을 닮은 로봇의 종류를 알아봅니다.
- 로봇의 어원부터 세계 각 문화 속에서 조금씩 다른 로봇의 의미, 신화와 전설에 등장한 로봇 이야기를 확인합니다.
- [읽을거리] 전 세계 최대 포털사이트인 구글, 그리고 안드로이드 OS를 개발한 세르게이 브린과 래리 페이지의 철학을 엿보고, 구글만의 독특한 코드 네임의 유래를 살펴봅니다.

핵심 키워드

#로봇의종류 #세계문화 #신화 #검색엔진 #안드로이드 #구글 #세르게이브린 #래리페이지

Section 01

로보타에서 지능형 로봇까지

1.1 로봇이 노예에서 시작된 말이라고?

우짱

닥터봇, 나는 로봇과 함께할 미래가 두렵기도 하지만 한편으로는 기대가 되기도 해. 사실, 어렸을 때부터 로봇을 엄청 좋아했거든.

닥터봇

그래? 그럼 혹시 '로보타Robota'라는 말도 들어 봤어?

우짱

로보타? 로보트를 잘못 말한 거야?

닥터봇

아니, 로보타는 로봇의 어원이야. 쉽게 말해, 옛 체코어인 로보타에서 로봇이 유래되었다는 말이지.

우짱

로보타가 무슨 의미인데?

닥터봇

로보타는 '강제적 노동 또는 노예'를 뜻하는 단어인데, 1920년대 체코슬로바키아의 작가인 카렐 차페크가 〈R.U.R(로섬의 만능 로봇)〉이라는 희곡에서 처음으로 사용했다고 해. 이 희곡은 기술의 발달과 인간 사회의 관계에 대한 이야기인데, 여기에서 로봇은 인간의 지배를 받는 노동자로 묘사돼. 그런 로봇들이 지능이 가지게 되면서 인간에게 반항해 결국 인류를 멸망시킨다는 내용을 담고 있어.

1920년대에 나온 희곡이라고? 그런데 어쩐지 우리가 3장에서 얘기했던 인공지능의 문제점과 비슷한 내용인 것 같은데?

맞아, 최근에 그런 논의가 활발하게 이루어지고 있다고 말했었지. 그런 점에서 이 희곡은 미래를 비슷하게 예측한 작품이기도 해.

그렇구나. 그런데 로보타Robota가 어쩌다 로봇Robot이 된 거야?

아까 로보타는 체코어라고 했지? 이 단어가 북아메리카(미국) 쪽으로 넘어가면서 스펠링 a가 빠져 '로봇Robot'이 되었다고 해. 그런 다음 여러 매체를 통해 널리 퍼지게 된 거지.

혹시 그런 과정에서 로봇이 지켜야 할 규칙 같은 걸 얘기한 사람은 없어? 암울한 미래를 예방하기 위해서 말이야.

물론 있지. 로봇이라는 단어가 등장하면서 여러 소설가가 로봇과 관련된 작품을 쓰기 시작했는데, 그중 미국의 과학자이면서 작가인 아이작 아시모프가 다음과 같은 로봇 3원칙을 만들었다고 해. 참고로 이 원칙은 오늘날에도 널리 쓰이고 있어.

- **제1원칙**: 로봇은 인간에게 해를 가하거나, 또는 행동을 하지 않음으로써 인간에게 해를 입혀서는 안 된다.
- **제2원칙**: 로봇은 인간의 명령에 반드시 복종해야만 한다. 단, 제1원칙에 거스를 경우는 예외다.
- **제3원칙**: 로봇은 자기 자신을 보호해야만 한다. 단, 제1원칙과 제2원칙에 거스를 경우는 예외다.

하지만 이 로봇 3원칙에도 약간 문제가 있지. 이 원칙들에서는 '인간'을 명시하고 있는데, 단순히 한 개인을 위해 로봇이 활용된다면 문제가 발생할 여지가 크다는 거야. 그래서 1985년, 아이작 아시모프는 '인류'의 안전을 위해 제0원칙을 추가했어.

- **제0원칙**: 로봇은 인류에게 해를 끼쳐서는 안 되며 인류가 위험에 처하는 것을 방관해서도 안 된다.

1.2 지금 우리 로봇은?

오늘날에는 로봇이 어떤 의미로 사용되고 있어?

현대 사회에서 로봇은 '어떤 작업이나 동작을 자동으로 처리하는 기계'라고 정의되고는 해. 이러한 로봇들이 군사, 산업 분야뿐만 아니라 사람들의 생활 속까지 파고들면서 영역을 크게 넓히고 있는 중이야. 그에 따라 사회의 모습도 변하고 있지.

어떻게 변화하고 있는데?

변화 양상은 다양하지만, 그중에서도 특히 인공지능과 로봇이 결합되면서 1인 또는 노령 가구를 돕는 서비스 로봇 역할이 확장되고 있어. 서비스 분야의 로봇은 이제 사람과 소통하는 수준을 넘어 사람을 대체하는 정도로까지 발전하고 있다고 해. 이런 변화를 인식한 여러 국가가 로봇 산업을 미래의 성장 동력으로 지정하고 로봇 연구나 상품화에 힘쓰고 있는 상황이야. 그렇다 보니 가까운 미래에 로봇이 사회에 공존하며 사람들의 삶의 질 향상에 중요한 역할을 담당하게 될 거라고 예측하는 사람이 많아.

우짱, 혹시 집에서 로봇이 탑재된 가전제품을 본 적이 있어?

응, 물론이지. 우리 집에서 로봇 청소기를 쓰고 있거든!

그래, 요즘에는 로봇이 탑재된 제품들을 쉽게 찾아볼 수 있지. 로봇 산업은 지금 아주 거대한 시장을 형성하고 있거든.

그런데 생각해 보면 내가 아주 어렸을 때는 없었던 것 같아. 로봇이 이렇게 우리 일상에 나타난 건 언제부터야?

로봇 산업이 본격적으로 일상에 접목되기 시작한 시점은 2000년대 초반쯤인데 오락이나 엔터테인먼트 로봇, 청소 로봇이 가정에 보급되기 시작한 시기와 비슷해.

그럼 2000년대 전과 후에는 어땠어? 로봇이 어떤 식으로 발전했는지에 대한 큰 흐름을 알고 싶어.

1980년대에는 전통적인 산업형 로봇이 위주의 생산이었다면 1990년대는 산업용 로봇의 응용 전환기로 발전해. 즉, 이전에 개발된 산업형 로봇의 기술을 응용해 반려견을 닮은 로봇 등이 개발된 것이지.

이후 2010년대에 들어서면서 사회 변화와 맞물려 기술이 발달하며 로봇에 지능형 서비스를 접목하게 되었어. 이때 로봇 청소기 같은 서비스용 로봇 시장이 형성된 거지. 그리고 최근에는, 그러니까 2020년대 이후부터는 인간형 로봇 위주의 생산이 진행되면서 로봇 시장이 새로운 국면에 접어들었다고 해.

1980년대 〈산업용 로봇〉	1990년대 〈응용 전환기〉	2010년대 〈서비스용 로봇〉	2020년대 이후 〈지능형 로봇〉
• 자동차, 전자 산업 등 노동집약적 산업의 발달 • 산업용 로봇 시장 성장	• 산업용 로봇 시장의 정체 • 산업용 로봇 시장의 성숙	• 생활 환경 변화, 고령화 사회 진입, 모바일 IT 기술 발전 • 지능형 서비스 로봇 시장 형성	• 생활과 가상생활의 통합 • 아바타 서비스 로봇

우짱

산업용 로봇이랑 서비스용 로봇, 지능형 로봇은 어떻게 달라?

닥터봇

산업용 로봇은 산업 제조 현장의 제품 생산에서 출하까지 공정 내 작업을 수행하는 로봇이야. 다양한 작업을 수행하기 위해 물체, 부품, 도구 또는 특수 장치 등을 이동시키도록 설계되거나 프로그래밍된 다기능 기계 장치라 할 수 있지. 자동차 조립 공정의 로봇팔이 대표적인 산업용 로봇이야.

그리고 **서비스용 로봇**은 사람들의 생활 범주에 알맞은 서비스를 제공하는 인간 공생형 로봇이야. 개인의 건강이나 교육, 가사, 안전 정보를 제공하는 등 생활과 밀접한 관련이 있지. 예를 들어 청소, 경비, 취미 생활 보조, 노인이나 환자의 재활 복지, 연구 교육 기자재, 가정 교육과 가사 지원 등 다양한 업무를 수행할 수 있어.

그림 4-1 산업용 로봇과 서비스용 로봇

산업용 로봇

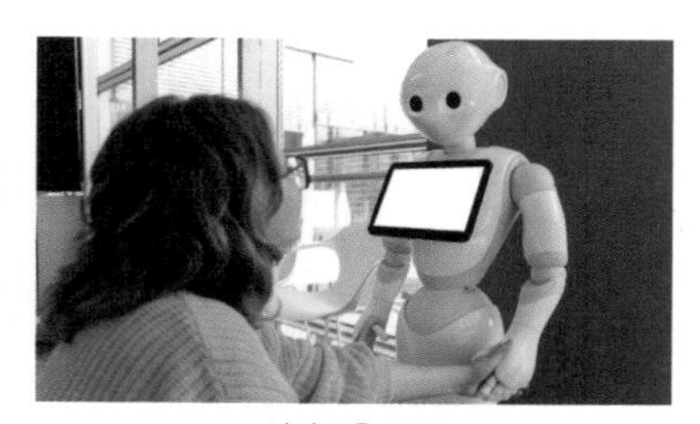
서비스용 로봇

그리고 이제 로봇은 인간과의 공존, 그리고 삶의 질 향상을 위해 지능형 로봇이라는 개념으로 발전하고 있어. **지능형 로봇**은 외부 환경을 인식하고 스스로 상황을 판단해 자율적으로 동작할 수 있는 로봇이야. 이에 대한 공학적인 정의까지 말하자면, 작업을 할 수 있는 손, 환경을 이해하는 시각과 촉각, 대화 수단을 갖춘 채 스스로 계획하고 실행하며 자유롭게 동작할 수 있는 범용 기계를 뜻해. 한마디로 다양한 과업 수행을 위해 프로그래밍될 수 있는 기계라는 것이지.

산업용 로봇이 일의 효율성과 성과에 초점을 두고 있다면, 지능형 로봇은 모든 행동이 인간에게 초점이 맞춰져 있어.

네 말을 간단히 정리하면 '반복적인 노동을 대체하던 로봇'에서 점차 '인간과 상호작용하며 인간의 삶의 질을 향상시키는 로봇'으로 진화하고 있다는 말이구나!

1.3 마음을 읽는 로봇과 입는 로봇의 등장

인간을 대체할 수 있는 로봇이라니, 마치 SF 영화에 나오는 이야기같아. 지능이 엄청나게 발달하면 사람의 마음까지 읽을 수 있지 않을까?

그래, 맞아. 예를 들어 소셜 로봇Social Robot은 산업용 로봇이나 서비스용 로봇과 다르게 감성 중심의 로봇이야. 사람과 커뮤니케이션할 수 있는 능력을 갖추고 있고 정서적인 상호작용을 하는 로봇인 거지. 대화를 통해 사람이 원하는 것이 무엇인지 파악하고 그에

맞는 적절한 동작을 해. 또 로봇 자신의 감정 상태를 사람에게 전달하기도 하는데, 이는 여러 가지 소프트웨어 알고리즘이나 머신러닝을 통해 만들어진 결과물이라고 볼 수 있어.

소셜 로봇의 대표적인 예로는 최초의 가정용 로봇인 '지보Jibo'가 있어. 참고로 삼성전자도 이 로봇에 투자했다고 해. 오늘날 소셜 로봇 분야는 활발히 연구되고 있고 지보 외에도 많은 로봇이 있어.

- **젠보**Zenbo: 대만 컴퓨터 업체 에이수스가 발표한 가정용 인공지능 로봇.
- **쿠리**Kuri: 스타트업 메이필드로보틱스가 제작한 가정용 인공지능 로봇.
- **리틀피쉬**Little Fish: 중국 바이두와 스타트업 에어아이네모가 공동으로 개발한 가정용 로봇.
- **아이보**Aibo: 소니가 2006년 개발했던 애완용 로봇 '아이보'에 인공지능을 탑재해 재출시한 가정용 로봇.
- **보코비**Bocobi: 도요타가 개발 중인 노인용 대화 로봇.
- **키커**Keecker: 구글 출신 피에르 르보가 개발한 가정용 엔터테인먼트 로봇.

인간과 로봇이 감정을 나눌 수 있다는 게 정말 놀라워. 아, 이런 로봇 말고도 SF 영화에서 로봇을 입고 하늘을 날아다니는 장면을 본 적이 있어. 혹시 이것도 지금 가능한 일이야?

영화에 나오는 것처럼 하늘을 날아다니는 정도는 아니지만 우리가 입을 수 있는 로봇은 실제로 존재하지. 옷처럼 입을 수 있는 이러한 로봇을 웨어러블 로봇Wearable Robot이라고 부르는데, 최근 의료공학 쪽에서 가장 각광받는 분야야. 하체 재활 목적으로 걷거나 무거운 것을 들 때 도움을 주는 웨어러블 로봇, 군장을 메고 오래 행군해도 지치지 않도록 보조해 주는 군사용 웨어러블 로봇 등 기능을 보조하거나 대신해 주는 로봇이 많이 개발되고 있어.

그림 4-2 웨어러블 로봇

대표적으로 다음과 같은 웨어러블 로봇이 있어.

- **ReWalk Personal 6.0**: 하지 재활 로봇. 보행, 그 이상의 자유를 모토로 한 웨어러블 로봇.
- **록 하드마틴 HULC**: 군장을 메고 수십 km를 행군해도 지치지 않도록 도와주는 군사용 웨어러블 로봇.
- **ROBIN-P1**: 하반신 마비 환자의 자력 보행, 즉 '독립적인 생활'을 돕는 웨어러블 로봇.
- **HyPER**: 재난현장, 생산현장 등의 민수용과 군수용 두 분야에서 운용할 수 있도록 개발된 웨어러블 로봇.

1.4 인간을 닮은 로봇에도 종류가 있다

우짱

닥터봇, 신문이나 방송에서 사람이랑 비슷한 로봇을 얘기할 때 안드로이드Andriod, 휴머노이드Humanoid, 사이보그Cyborg라는 단어를 사용하는데, 이것들은 어떻게 다른 거야?

닥터봇

지능형 로봇은 보통 네가 방금 말한 세 가지 로봇으로 나뉘어. 그 중 가장 많이 들어 봤을 **안드로이드**는 겉으로 보기에 말이나 행동이 사람과 거의 구별이 안 되는 로봇을 의미해. 안드로이드라는 단어는 '인간을 닮은 것'이라는 뜻의 그리스어에서 유래되었는데, 현재 기술로는 완벽한 구현이 불가능해 대표적인 SF 용어라고 볼 수 있어.

그리고 **휴머노이드**는 사람처럼 하나의 머리, 두 개의 팔, 두 개의 다리를 가진 로봇을 뜻해. 외모가 인간처럼 생겼다는 뜻인데, 로봇뿐 아니라 외계인, 기타 정체불명의 어떤 것이든 겉모습이 사람의 형태이면 휴머노이드 타입이라고 부르곤 하지.

마지막으로 **사이보그**는 수족이나 장기 등을 교체하거나 추가로 장착해 개조된 인간이라는 뜻으로, 그 근간은 사람이야. 이 용어는 미국의 컴퓨터 기술자인 맨프레드 클레인즈Manfred Clynes와 정신과 의사인 네이선 클라인Nathan Kline이 1960년의 논문에서 처음으로 사용했어. '사이버네틱스Cybernetics'와 '생물Organism'의 합성어인 사이보그는 쉽게 말해 인간(생물)과 기계 장치의 결합체라고 할 수 있지. 다만 인간의 지적 능력은 대행될 수 없기 때문에 뇌 이외의 수족, 장기 등을 교체한 개조 인간만 사이보그라고 말해.

셋이 꽤 다른 단어구나. 더 자세히 알고 싶은데, 혹시 예시와 함께 조금 더 구체적으로 설명해 줄 수 있을까?

물론이지. 먼저 인간을 닮은 로봇, 안드로이드야. 현재 안드로이드에 접목되는 인공지능 기술은 아직 발전이 필요하지만 겉모습은 거의 사람과 같아. 이처럼 사람을 본뜬 외형의 이점 때문에 많이 만들어지고 있는 로봇 중 하나야. 여러 가지 상황에 따른 행동이나 말을 학습하면 그 상황에 따른 판단과 행동이 가능해지거든.

그림 4-3 중국의 안드로이드 '지아지아'

그런데 안드로이드는 사람과 너무 비슷한 외형을 가져서 사람들이 실제로 안드로이드를 마주했을 때 불쾌감이나 공포감을 느끼기도 해. 1970년 일본의 로봇과학자 모리 마사히로 박사는 이걸 '불쾌한 골짜기 이론'이라고 발표했어. 사람이 아닌 존재가 사람과 흡사해질수록 호감도는 상승하지만, 일정 수준에 다다라 사람과 지나치게 비슷해 보이면 오히려 불쾌감을 느낀다는 거야. 영국 케임브리지대학교 생리학과와 독일 아헨공대의 휴먼테크놀로지 공동 연구 팀은 시각 피질에서 불쾌한 골짜기를 담당하는 영역을 찾는 연구를 진행했는데, 그 결과 불쾌한 골짜기를 느끼는 영역과 불쾌감을 느끼는 정도가 사람마다 다르다는 것이 확인되었어.

우짱

나도 이런 로봇을 영상으로 본 적이 있었는데 조금 무서웠어. 내가 생각했던 로봇의 모습이랑 달랐거든. 보통 우리나라의 '휴보' 같은 로봇이 사람들이 쉽게 떠올릴 수 있는 로봇의 형태인 것 같아. 이런 로봇은 뭐라고 해?

닥터봇

그런 로봇은 휴머노이드라고 불러. 휴머노이드는 사람의 외형을 가졌지만 로봇의 형태는 확실하게 유지하고 있지. 사람의 음성을 이해하고 물건의 크기나 위치를 판단할 수 있는 지능형 로봇 형태가 많고 기계공학, 센서공학, 마이크로 일렉트로닉스, 인공지능 기술 등을 종합적으로 활용해.

예를 들어 아시모[ASIMO]는 혼다 로보틱스가 개발한 세계 최초의 2족 보행 로봇이야. 1986년 아시모의 최초 모델인 E0 프로토타입이 공개된 후, 6개의 프로토타입을 거쳐 2000년에 현재의 아시모 모델을 발표했어. 그 후로도 꾸준히 업그레이드되어 지금은 사람처럼 걷고 뛸 수도 있고 한 발로 뛰뛰기도 가능한 수준까지 올라왔지. 그뿐만 아니라 경사로를 횡단할 때 균형을 잡을 수 있고 계단 오르내리기, 공 차기, 불규칙한 노면 걷기, 마주 오는 사람의 진로를 예측해 방향 전환하기도 가능해. 2014년도부터는 손가락이 추가되어 수화도 할 수 있게 되었어. 여러 사람의 목소리를 듣고 특징에 따라 인식할 수도 있는데, 언어는 일본어와 영어까지 가능해.

그림 4-4 아시모

사람과 비슷한 행동 구현이 가능하기에 아시모는 물리적으로 사람을 돕는 로봇에 가까워. 가령 방문객을 마중 나가거나 주문을 받아 음료수를 배달하기도 하고, 보온병 뚜껑을 열어 음료를 컵에 따르고 컵 안의 내용물이 쏟아지지 않도록 들고 보행할 수 있어. 길을 안내하는 중에 다른 작업을 수행할 수도 있고, 등에 달린 배터리 팩의 전력이 떨어지면 스스로 충전도 하지.

그리고 도요타가 개발한 키로보 미니Kirobo Mini는 소셜 로봇이 결합된 형태로, 인간을 물리적으로 돕기보단 감성적으로 교감할 수 있는 로봇 형태야. 작고 앙증맞은 크기의 키로보 미니는 가방에 넣고 다니며 휴대할 수 있고, 전용 거치대에 설치해 자동차 컵 홀더에 꽂을 수도 있어. 최대 2시간 반 동안 사람과 대화할 수 있으며 충전해서 계속 사용할 수 있어.

그림 4-5 키로보 미니

우짱 아시모와 키로보 미니 말고도 많은 휴머노이드 로봇이 있을 것 같은데, 조금 더 알려 줄 수 있어?

그럼, 물론이지. 휴머노이드 예시를 조금 더 들자면, 소니 바이오 주식회사에서 만든 소셜 형태 로봇인 바이오VAIO는 일종의 인공지능 스피커야. 전용 앱을 설치해야 행동이나 대화가 구동되고. 이름을 부르면 고개를 돌려서 사람을 바라보거나 자리를 바꾸는 동작 중에도 대화를 나누는 사람을 따라 고개를 움직여. 사람의 얼굴이나 행동을 인식하고 주변 환경도 기억해 이를 토대로 말을 하기도 하지.

그리고 소프트뱅크에서 개발한 페퍼Pepper는 인간과 똑같은 말투로 학습하고 언어 학습을 통해 여러 나라의 언어도 구사할 줄 알아. 클라우드 방식으로 구현되기 때문에 하나의 페퍼가 인간과 교감한 정보는 빅데이터로 쌓이게 되고, 다른 페퍼들이 동시에 학습하며 진화할 수 있어. 상대적으로 가격이 저렴해 세계 곳곳에서 실제로 활용되고 있지. 노인과 대화를 나누거나 가정에서 아이들에게 교육을 시키는 등 보급형 가정용 휴머노이드 로봇으로 자리 잡고 있는 로봇이야.

앞서 소셜 로봇의 대표적인 예로 들었던 지보는 MIT 미디어랩과 개인 로봇 그룹을 운영하던 신시아 박사가 만든 로봇이야. 삼성전자에서 투자하기도 한 이 로봇은 인간의 음성과 이미지를 인식해 표정이나 심리 상태를 분석할 수 있지. 360도로 돌아가는 머리는 영상 통화를 중계하거나 사진을 찍어주기도 해. 문자나 전화, 이메일 확인도 가능하고 말이야.

이 외에도 29개의 관절로 어린아이와 같은 움직임을 보여 주는 로봇인 로피드Ropid, 감성을 측정하는 로봇인 키스멧KISMET이 있어. 키스멧은 기쁨, 슬픔, 놀람, 화남, 공포, 무감각 같은 6가지 감정 상태를 인지할 수 있고 시각 센서를 통해 사람의 표정을 95%까지 인식할 수 있어. 또한 촉각 센서가 있어 사람과 접촉하면 상태를 파악할 수 있지.

그렇구나. 이제 안드로이드와 휴머노이드가 어떻게 다른지 확실히 알겠어. 그러면 마지막으로 사이보그는 어떤 점이 달라?

사이보그는 생물과 기계 장치가 결합된 형태이거나 뇌 이외의 수족이나 장기를 교체하거나 개조한 형태를 뜻해. 사이보그는 영화 속에서 흔히 볼 수 있는데, 가령 '아이언맨'이나 '로보캅' 등을 떠올리면 이해하기 쉬울 거야. 실생활에서는 생체공학적 안구를 이식해 시각을 되찾거나 시력을 위해 교정용 안경을 쓰는 것, 다리를 다쳐 보조 기구를 이용하는 것, 청각이 떨어져 보청기를 착용하는 것도 사이보그의 범주에 속해.

흔히 사이보그를 앞서 봤던 휴머노이드와 안드로이드와 같은 완전한 형태의 로봇이라고 혼동하곤 하는데, 정확히 말하자면 사이보그는 뇌를 제외한 신체를 개조한 인간이기 때문에 근본적인 형태는 인간의 모습을 띠고 있는 것이지. 예를 들어, 주로 의학 드라마 같은 영상에서 볼 수 있는 의수, 의족, 인공장기 등도 사이보그 중 하나라고 볼 수 있어.

아하, 아이언맨과 로보캅이 사이보그인 거구나. 아빠랑 같이 봤던 영화 〈로보캅〉에서 주인공이 큰 부상을 입고 최첨단 하이테크 수트를 장착했던 게 기억 나. 이제 안드로이드, 휴머노이드, 사이보그를 확실히 분류할 수 있을 것 같아! 자세히 설명해 줘서 고마워, 닥터봇!

문화로 보는 로봇 이야기

2.1 세계 문화 속 로봇의 의미

닥터봇

우짱, 혹시 〈아톰〉이나 〈도라에몽〉이라는 만화를 본 적 있니?

우짱

〈아톰〉은 모르겠는데, 〈도라에몽〉은 당연히 알지! 귀 없는 고양이 로봇 도라에몽! 맨날 주머니에서 신기한 도구를 꺼내서 진구를 도와주잖아. 그래서 로봇인데도 엄청 친근하게 느껴졌어.

닥터봇

정말 재미있게 봤나 보다. 그러면 이제부터 하는 이야기를 잘 이해할 수 있겠네. 우짱, 세계의 여러 문화마다 로봇에 대해 느끼는 인식이 다르다는 거 알고 있어?

우짱

아니, 전혀 몰랐어. 어떻게 다른데?

닥터봇

로봇이 강제적 노동을 뜻하는 옛 체코어 '로보타Robota'에서 유래됐다는 건 앞에서 얘기해서 이미 알고 있지? 로봇이라는 단어의 앞에 붙는 'ROB–'는 '일하다, 행동하다'라는 뜻을 가지고 있는데, 중부 유럽에서는 지금도 'ROB–'에서 파생된 단어들 중 노동자를 연상시키는 단어가 많아. 특히 독일의 경우는 체코와 인접해 있고 체코의 민족과 혈통인 게르만족과 교류가 잦았기 때문에 로봇이 인간의 노동력을 대체하고 있는 대상으로 쓰이는 경우가 많지.

그런데 이와 달리 영미권에서는 노동이라는 의미 대신 '일상에 활용하는 실용적인 도구'라는 의미로 인식하고 있어. 로봇이 신대륙으로 넘어가 탈사회적이고 정치적인 의미를 갖게 된 거야. 그렇다 보니 할리우드 SF 영화를 보면 로봇이 인간에게 자꾸 반항하고 반발하는 악역으로 그려지는 경우가 많아. 또 로봇이 도구적 성격을 가지고 이들이 세계를 지배한다고 생각해서 소셜봇과 같이 '봇'이라는 단어만 쓰이는 경우도 많지.

혹시 동양권에도 이런 인식들이 있어?

동양권에도 이미 로봇의 개념이 성립되어 있고 심지어 로봇에 대해 쓰인 몇천 년 전의 기록들도 남아 있어. 중국의 경우, 로봇 이야기는 인간의 생활에 작은 편리와 즐거움을 주기 위한 보조 수단으로 기록된 경우가 상당히 많아. 중국 고서에는 '기축인간'이라는 단어를 사용한 경우가 많은데, 로봇을 사람을 닮은 인형이나 꼭두각시 정도로 인식하는 중국 사회의 관념이 그대로 반영되었다고 할 수 있지.

그리고 일본은 로봇이라는 단어를 대체해 '인조인간'이라는 단어를 사용하기도 해. 인조로 만든 인간이라는 의미로, 유럽이나 영미권과 다르게 로봇을 인간과 비슷한 인격체로 인식하고 있는 거지. 그래서 실제로 로봇을 개발할 때에도 일본은 휴머노이드 위주의 생활용 또는 서비스용 로봇 개발에 주력하고 있어. 앞에서 말한 〈아톰〉, 〈도라에몽〉 같은 일본의 대표적인 애니메이션에 로봇이 인간과 함께 삶을 살아가는 내용이 많이 나타나는 것도 바로 그런 이유 때문이지.

그림 4-6 아톰

우짱

우리나라는 어때?

닥터봇

우리나라는 로봇을 인식한 역사가 그리 오래되진 않았어. 그래서 아직 로봇에 대한 생각이 정립되지 않았지만 그래도 유래를 찾아보자면 '괴뢰'라고 하는 단어가 있어. 괴뢰라는 단어는 나무나 흙으로 만든 인형을 뜻하는데, 이를 미루어 볼 때 일본과 유사하게 로봇을 인간과 비슷한 인격체로 인식하고 있다고 할 수 있지.

우짱

우리나라와 중국, 일본은 오래 전부터 계속 교류가 있었는데 왜 그런 걸까? 혹시 아직 발견하지 못한 기록이 있는 건 아닐까? 조금 아쉬워서 더 알아보고 싶다는 생각이 들어.

2.2 신화와 전설에 등장한 로봇

우짱

그나저나 동양권에서도 몇천 년 전부터 로봇에 대한 기록이 남아 있었다는 건 정말 생소한 정보인걸.

닥터봇

아무래도 로봇이라는 단어가 서양의 언어에서 유래되고 1920년대에 확산된 단어이다 보니, 그 이전에는 동양에 로봇 같은 개념이 없었을 거라고 잘못 생각하는 사람이 많아.

우짱

맞아, 나도 그동안 '로봇'이라는 단어에 치중해서 잘못 생각했던 것 같아. 닥터봇, 혹시 옛날부터 전해 내려온 로봇 이야기들을 나한테 알려 줄 수 있을까?

닥터봇

물론이지! 그럼 먼저 외국 신화와 전설에 관련된 로봇 이야기를 들려줄게.

그림 4-7 중국 창세 신화

중국의 창세 신화에는 '여와'라는 반인반수의 신이 등장해. 여와가 황토와 물을 섞어 반죽한 뒤 작게 떼어 내서 사람의 모형을 만들어 땅에 내려 두자 꽥꽥 소리를 내며 즐겁게 뛰어놀았는데, 이를 두고 '인간 창조'라고 부르지. 그런데 중국은 영토가 매우 넓잖아? 그래서 인간을 일일이 만들기 어려워지자 인간을 남자와 여자로 분리해 스스로 자손을 만들 수 있도록 했대. 특히 여와가 한 땀 한 땀 공들여 만든 사람은 귀족이 되고 새끼줄을 이용해 대량으로 만든 사람은 평민이나 천민이 되었다고 해.
이를 두고 로봇 개발 초기엔 과학자나 엔지니어가 정성을 들여 로봇을 만들고 이후 대량생산을 통해 기능을 제한하고 가격을 낮춰 판매하는 경우와 비슷하다고 보기도 하지.

그림 4-8 메소포타미아 창조 신화

메소포타미아 창조 신화에도 비슷한 이야기가 나와. 이 신화 속의 신들은 생활을 영위하기 위해 힘든 노동을 해야만 했어. 특히 운하를 건설하는 작업은 너무 고돼서 노동을 대신할 인간을 진흙으로 만들었다고 전해져.

현대 사회에서도 위험하고 힘든 일을 대신하는 산업용 로봇이 활발하게 사용되고 있어. 이 점이 메소포타미아 신화와 비슷하다는 것을 알 수 있겠지?

그림 4-9 그리스 신화 – 프로메테우스와 판도라

그리스의 프로메테우스 신화에서는 프로메테우스가 흙과 물을 반죽해 신의 형상을 본떠 인간을 만들었다고 전해져. 프로메테우스는 사람에게는 다른 동물과는 다르게 얼굴이 하늘로 향할 수 있는 움직임, 똑바로 서서 걷는 능력을 주었대. 또한 신들의 전유물인 불을 훔쳐 인간에게 주어 동물보다 나은 삶을 살게 해주었지.

이후 제우스는 프로메테우스를 벌하고 인간을 견제하기 위해 헤파이스토스를 시켜 '모든 선물을 받은 여인'인 판도라를 탄생시켰어. 그리고 판도라에게 상자를 하나 건네주며 열어 보지 말라고 하곤 지상으로 보냈지. 그런데 너도 알다시피 하지 말라면 하고 싶고 더 궁금해지는 게 사람 마음 아니겠어? 이 호기심이라는 실수로 인해 판도라의 상자 속 고통들이 쏟아져 나오면서 세상을 혼돈에 빠트렸어. 이게 바로 그 유명한 '판도라의 상자' 이야기야.

이 모습을 두고 사람들은 겉모습은 멋있지만 사회에 큰 혼란을 불러올 수 있다는 점이 인공지능과 비슷하다고 얘기하기도 해.

그림 4-10 그리스 신화 – 피그말리온

혹시 피그말리온 효과라고 들어 본 적 있니? 긍정적인 기대나 관심이 사람에게 좋은 영향을 미치게 된다는 뜻의 피그말리온 효과는 그리스 신화의 피그말리온 이야기에서 유래된 것이라고 해. 그리고 그 피그말리온 이야기에서도 로봇과 인공지능을 유추해 볼 수 있어. 천재 조각가 피그말리온은 갈라티아라고 하는 처녀 조각상을 만들고 그 조각상을 사랑하게 되었어. 사랑이 깊어진 피그말리온은 아프로디테에게 간절히 기도해 조각상을 사람으로 만들어 냈어.

이 이야기는 오늘날 단순 작동하던 로봇에 인공지능이 결합되면서 로봇이 점차 사람과 닮아가는 모습과 비슷해 보이지 않니?

그림 4-11 탈무드

마지막으로 유대인들의 지혜를 집대성한 《탈무드》를 살펴볼까? 탈무드에도 흙을 반죽해 인간을 창조했다는 대목이 있고 거기서 모양이 없는 진흙 덩어리를 골렘이라고 불러.

골렘의 이마에 어떤 주문을 불어넣으면 유대인을 보호하는 행동을 한다고 하는데, 바로 이 모습이 우리 사회에서 작동하는 로봇의 모습이라고 볼 수 있어.

우광

와, 과거에도 비슷한 생각을 했었구나. 닥터봇, 우리나라에는 이런 이야기가 없었어?

닥터봇

신라에 대한 어느 기록에 로봇과 관련된 내용이 있었다고 해. 이제부터 그 이야기를 해볼게.

그림 4-12 삼국유사 – 만불산

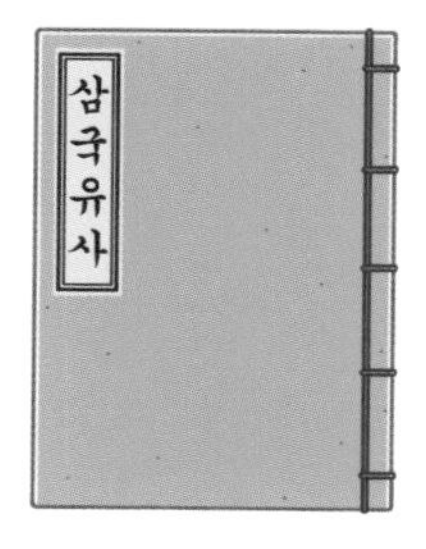

《삼국유사》의 기록을 보면, 764년 무렵에 신라 경덕왕이 장인에게 명령을 내려 '만불산'이라는 가짜 산을 만들었다고 전해져. 만불산에는 금과 옥으로 만든 절과 약 1천 개 정도의 스님 불상이 있는데, 그 아래에 있는 3개의 종이 울리면 스님 불상이 저절로 움직여 절을 했다고 해. 실제로 당나라의 황제가 만불산을 선물로 받고 신라의 기술에 매우 감탄했다는 기록도 전해진다고 하니, 정말 놀랍지 않니?

– 《삼국유사》〈탑상〉편 '사불산·굴불산·만불산'조

그림 4-13 삼국유사 – 나무 사자

그리고 독도 옆에 있는 섬인 울릉도와 관련된 신라 지철로왕의 나무 사자 이야기에서도 로봇을 찾아볼 수 있어. 신라의 장군인 이사부는 왕으로부터 자신의 말을 듣지 않는 울릉도 사람들을 징벌하고 오라는 명령을 받았대. 그래서 이사부는 나무로 사자를 만들어서 배에 싣고 간 후, 울릉도를 지휘하는 촌장에게 "만약 너희들이 계속 우리의 지배를 받지 않고 항복하지 않으면, 이 사자를 너희들 섬에 풀어 버리겠다."라고 경고했어. 이 나무 사자는 지금도 울릉도 공원에 보존되어 있는데, 다른 기록을 보면 나무 사자의 입에서 불이 뿜어져 나와 해상 전투에도 활용되었다고 전해지고 있어. 즉, 이 이야기는 전투 로봇에 대한 기록이라고 할 수 있지.

– 《삼국유사》〈기이〉편 '지철로왕'조

우와, 고려 후기의 일연 스님이 쓴 《삼국유사》에 이런 내용이 담겨 있는 줄은 몰랐어. 앞으로 역사 공부를 할 때 이런 자료를 더 찾아보면서 한국 로봇 기술의 뿌리를 추적하면 훨씬 더 재밌게 공부할 수 있을 것 같아.

2.3 SF 영화 속에 담긴 진실, 그리고 미래

우짱

옛날에는 로봇에 대한 기록이 글로만 남겨졌지만 요즘은 글뿐만 아니라 영상으로도 로봇 관련 내용을 자주 접하게 되는 것 같아.

닥터봇

네가 말한 것처럼 오늘날에는 로봇이 다양한 매체에서 나타나고 있어. 그중에서도 영화에서 두드러지게 등장하고 있는데, 대표적인 영화는 〈스타워즈〉야. 혹시 이 영화 본 적 있니?

우짱

당연하지! 나 스타워즈 팬이거든.

닥터봇

정말? 그러면 지금부터 할 이야기를 재밌게 들을 수 있겠네. 신화와 전설에 이어 여러 이야기 속에 로봇이 등장하고 영상화되면서 다양한 로봇들이 우리 의식 속에 자리하고 있지. 그 대표적인 예가 바로 〈스타워즈〉에서 주인공을 돕는 로봇 'BB-8'과 'R2-D2'야. 이 두 로봇을 좋아하는 팬들도 엄청나게 많고, 이 두 로봇을 현실에 만들어 놔서 실제로 움직이는 모습도 볼 수 있다고 해.

그림 4-14 영화 〈스타워즈〉에 등장하는 BB-8, R2-D2

또 다른 유명한 로봇 영화 〈에이아이〉에는 사람과 똑같은 외형의 로봇이 등장하는데, 이 영화에서 로봇은 사람이 되고 싶어 여행을 떠나게 돼. 사람처럼 느끼고 의문을 가지는 모습을 통해 인간과 다를 바 없는 로봇의 모습을 볼 수 있지.

이 외에도 영화 〈엑스마키나〉에는 사람처럼 판단하고 결정을 내리는 아주 강한 인공지능을 탑재한 '에이바'라는 로봇이 등장하고, 영화 〈채피〉에는 학습형 감성 로봇이 등장해. 아이처럼 학습을 통해 성장하는 로봇의 모습에서 향후 학습형 딥러닝 로봇이 어떤 식으로 발전할 수 있는지 엿볼 수 있지.

그림 4-15 영화 〈채피〉에 등장하는 학습형 로봇

우짱

이렇게 영화에 나오는 로봇들의 모습이 단순히 허구에 불과할까?

닥터봇

중요한 점을 잘 지적했어. 그저 허구의 이야기로만 볼 것이 아니라, 그런 내용이 어떻게 우리의 미래로 이어지는지를 생각해 볼 필요가 있어. 실제로 오늘날에는 무인화와 자동화 형태의 업무 전환

이 늘어나고 있고, 인간과 비슷한 지능을 가진 로봇을 만들기 위해 노력하며 기술이 계속 발전하고 있으니까 말이야.

점점 로봇과 함께하는 미래로 나아가고 있다는 거지?

그래, 맞아. 컴퓨팅이 변화하는 과정, 즉 메인프레임의 시대에서 데스크톱-노트북, 스마트폰-웨어러블 폰, 인공지능 로봇으로 이어지는 일련의 흐름을 보면 강한 인공지능이 적용된 로봇들과 함께할 미래가 머지않았음을 알 수 있어. 인간의 노동력이 로봇으로 대체되어 사람들이 일자리를 잃는 것도 영화 속 세상과 닮아가고 있잖아? 이전까지는 영화가 허구의 이야기로 느껴졌지만, 이제는 그러한 세계가 코앞에 다가와 있다고 볼 수 있어. 그런 의미에서 영화는 시시각각 변하는 우리 사회의 모습을 살펴볼 수 있는 유용한 교재이기도 해.

그런데 나 하나 궁금한 게 있어. 로봇이 인간의 일을 대체한다고 했는데, 그러면 나중에는 기계가 인간처럼 돈을 벌 수도 있을까? 로봇을 인간처럼 한 인격체로 보면 가능할 것도 같은데. 음, 아닐 것 같기도 하고….

아리송한 게 당연해. '권리'에 대한 건 매우 복잡한 문제이니 말이야. 그렇지만 로봇이 인간 사회에서 차지하는 점차 넓어지고 있기 때문에 어렵더라도 로봇의 권리에 대해 생각해 봐야 해. 실제로 로봇에게 어떤 자격을 부여해야 하는지는 오늘날 전 세계적으로 논의되고 있는 문제야.

이와 관련된 영화로 〈바이센테니얼 맨〉이 있는데, 이 영화에서는 유한한 생명을 가진 인간과 무한한 생명을 가진 로봇이 공존하는 세상에서 인간과 사랑에 빠진 로봇이 인간처럼 유한한 삶을 살지, 아니면 로봇으로 남을지 고민하는 모습이 그려져.

그림 4-16 영화 〈바이센테니얼 맨〉에 등장하는 로봇

이 영화에서 주목할 만한 점은 '로봇의 권리'를 다룬 부분이야. 로봇이 창작 활동을 해서 만들어 낸 작품으로 얻은 수익은 누구에게로 가는지, 로봇이 만든 발명품을 로봇의 이름으로 특허를 내고 지적재산권을 행사할 수 있는지 등에 관한 이야기가 등장하거든. 이런 점에서 〈바이센테니얼 맨〉은 로봇이 인간과 비슷한 법적 권리를 가질 수 있는지, 어디까지 허용할 수 있는지를 생각해 보게 하는 중요한 영화라고 할 수 있어.

우짱

확실히 최근의 AI 프로그램을 떠올려 보면 로봇의 권리나 지적재산권 등에 관한 논의가 시급하다는 생각이 들어.

검색 엔진 기업에서 시작해 빅테크 기업까지, 구글의 조직문화에서 배우는 성공의 방법

빅테크 기업이 되기까지 구글을 성공으로 이끈 인물들

구글은 전 세계 검색 엔진 시장의 약 92%를 차지하고 있는 거대한 검색 엔진 기업이자, 유튜브YouTube, 캐글Kaggle, 파이어베이스Firebase 등 여러 자회사를 두고 있는 세계적인 빅테크 기업입니다. IT기업 구글Google의 어원은 구골Googol으로, 10의 100제곱을 나타내는 수학 용어에서 따온 이름입니다. 구글은 전 세계 정보를 체계화해서 모두가 편리하게 이용할 수 있도록 하겠다는 설립 목표로 1998년도에 창립되었습니다. 구글의 창업자는 세르게이 브린과 래리 페이지이며, 둘에게 공통점이 있다면 부모님이 교수라는 것입니다. 세르게이 브린의 어머니가 수학 교수였고 래리 페이지의 아버지가 컴퓨터 사이언스 교수였습니다. 또한 래리 페이지의 어머니 역시 데이터베이스 분야에 근무하고 있다는 것을 미루어 볼 때, 논리적 기질이 두 창업자의 내면에 깊게 박혀 있던 것으로 보입니다. 이 둘은 스탠포드 대학교에 박사과정으로 입학하면서 처음 만나게 되었고 논문의 주제를 선정하면서 공동의 주제를 설정했습니다.

그림 4-17 구글의 창업자 세르게이 브린, 래리 페이지

구글의 대표적인 전문 경영인은 에릭 슈미트로, 그는 '썬마이크로시스템'이라는 대형 워크스테이션을 만들던 회사에서 온 사람입니다. 구글의 두 창업자가 전문 경영인을 모집하기 위해 인터뷰하던 중 이 에릭 슈미트를 만나고 뒤에 있는 모든 인터뷰를 취소할 정도로 그와 긴 대화를 나눴습니다. 그 후 에릭 슈미트는 구글의 전문 경영인으로 전격적으로 발탁되었습니다.

에릭 슈미트는 세계에서 가장 인기 있는 프로그래밍 언어 중 하나인 자바[Java] 언어 개발에 관여하고 노벨, 썬마이크로시스템, 벨 연구소 등에서 경력을 보유하는 등 미국 IT계에서 상당히 유명한 인재였습니다. 그리고 현재는 구글 이사회 의장과 알파벳 이사회 의장을 맡고 있습니다.

그림 4-18 에릭 슈미트

여러 곳에서 찾아볼 수 있는 구글만의 독특한 기업문화

구글의 조직문화는 먼저 이들의 회사 전경에서 살펴볼 수 있습니다. 구글은 전 세계에 있는 지사마다 인테리어, 엑스테리어에 대한 테마를 설정해 놓고 해당 지사의 특색을 살리는 모습을 보입니다. 예를 들면 어느 지사는 공원 산책을 테마로, 호주 시드니 지사는 정글이라는 테마로 조성해 놓고, 뉴욕 맨해튼은 테라스 풍경을 아기자기하게 꾸며 두었습니다. 그리고 아일랜드 더블린 지사는 카페처럼 만들어 놓고 자유롭게 근무하고 있는 모습을 보여 주고 있습니다. 또한 일본 도쿄 지사도 지역적 특색을 잘 살려서 다다미방의 특징을 반영한 인테리어를 하고 있으며, 메사추세스는 평온한 정적, 엄마의 방이라는 테마를 갖고 있는 회사의 전경을 조성해 두었습니다.

그림 4-19 구글 일본 도쿄 오피스의 모습

구글 코리아 모습

©https://www.youtube.com/watch?v=dxm72DoPdyw

친환경, 창의성을 강조하는 구글 신사옥

©https://www.youtube.com/watch?v=kA9Xup053nw

또한 구글은 평등, 민주, 수평 체계 기업문화로 상당히 유명합니다. 한마디로 정리해서 구글을 낙서 문화라고 이야기하며, 그들은 채용 때에도 차별없이 경력이나 능력 위주로 채용합니다. 그리고 호칭 문제에 있어서 상하 위계질서가 거의 없는 기업으로 유명합니다. 이러한 구글의 기업문화는 수평적 조직 관계가 서로 의견을 존중하고 또 창의성을 극대화할 수 있는 의사 결정의 수단으로 작용할 수 있다는 판단에서 비롯된 것으로 보입니다.

구글의 유명한 모토는 "사악해지지 말자Don't be evil"이며 그 외에도 구글만의 기업 문화를 살펴볼 수 있는 십계명이 존재합니다.

1. 사용자에게 초점을 맞추면 나머지는 저절로 따라온다.
2. 한 분야에서 최고가 되는 것이 최선의 방법이다.
3. 느린 것보다는 빠른 것이 낫다.
4. 인터넷은 민주주의가 통하는 세상이다.
5. 책상 앞에서만 검색이 가능한 것은 아니다.
6. 부정한 방법을 쓰지 않고도 돈을 벌 수 있다. 화려한 그래픽보다는 잘 구성한 화면이 감동을 줄 수 있다.
7. 세상에는 무한한 정보가 존재한다.
8. 정보의 필요성에는 국경이 없다.
9. 정장을 입지 않아도 업무를 훌륭히 수행할 수 있다.
10. 위대하다는 것에 만족할 수 없다.

코드 네임에서도 나타나는 구글만의 독특함

구글의 운영체제인 안드로이드는 2007년부터 매년 업데이트되고 있으며, 각종 디저트 이름을 코드 네임Code Name으로 사용하고 있습니다. 코드 네임은 IT업계에서 새로운 것을 개발할 때 붙이는 이름으로, 대부분 기능과는 상관없이 재미있는 이름을 붙입니다. 이러한 관행은 이름에서 중요한 정보가 노출될 수 있기 때문에 생겨났다고 합니다.

안드로이드의 디저트 코드 네임은 구글만이 가진 독특함을 엿볼 수 있는 사례 중 하나입니다. 맨 처음 버전인 1.0 버전은 A로 시작하는 '애플파이Apple pie', 다음 버전인 1.1 버전은 B로 시작하는 '바나나 브레드Banana bread', 그리고 '컵케이크Cupcake', '도넛Donut' 등으로 이어집니다. 버전이 업그레이드되면서 알파벳순으로 이름을 지은 것인데, 이러한 재미있는 관행은 9.0 버전 '파이Pie'까지 이어졌습니다. 그 이후로는 더 이상 디저트 이름으로 만들기 어려워 사라지게 되었지만, 그럼에도 이러한 노력을 통해 구글이 작은 부분에서도 다른 기업들과는 다른 재미있는 모습을 보여 주고자 했다는 것을 알 수 있습니다.

그림 4-20 구글 안드로이드 코드 네임 변천사

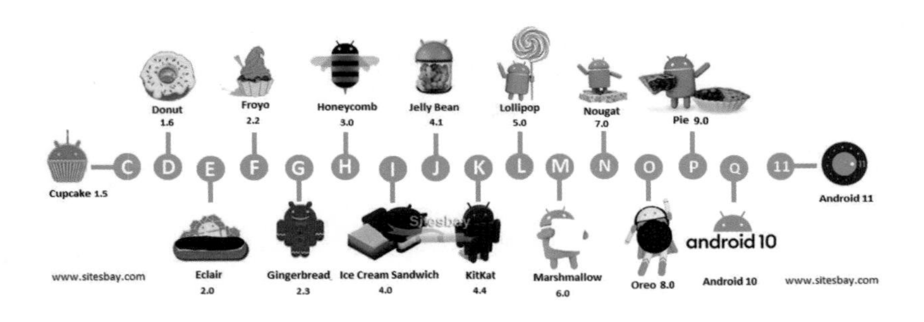

CHAPTER

05 손안에 펼쳐진 모바일 세상

SECTION 01

고객이 만족하는 스마트폰은?

1.1 사용자를 위한 UX/UI 디자인

1.2 전 세계를 감동시킨 삼성전자의 UX

1.3 광고로 보는 스마트폰의 진화

1.4 접어서 만드는 미래, 폴더블폰

SECTION 02

콘텐츠를 담는 모바일 앱(App)

2.1 모바일 애플리케이션의 네 가지 형태

2.2 모바일 앱 활용 사례(정보형)

2.3 무료 앱 수익 구조

읽을거리 130년의 역사를 이끌어 온 힘, 닌텐도의 경영 방침

〈5장. 손안에 펼쳐진 모바일 세상〉은 우리나라 휴대폰 변천사에 담긴 UX/UI 이야기, 그리고 오늘날 모바일 애플리케이션의 종류와 활용 사례를 소개합니다. 이 장의 마지막 읽을거리에서는 130년 역사를 이끌어 온 게임기 기업 '닌텐도'의 경영 방침과 성공 사례를 살펴볼 수 있습니다.

자세히 살펴보기

- 스마트폰 담긴 UX/UI 디자인을 이해하고, 광고를 통해 우리나라 휴대폰의 진화 과정을 확인합니다.
- 개발자 생태계를 만들어 낸 스마트폰 애플리케이션 형태와 오늘날 무료 앱들이 수익을 내는 방법에 대해 살펴봅니다.
- [읽을거리] '닌텐도' 게임을 만든 요코이 군페이의 일화와 닌텐도의 경영 방침, 닌텐도와 애플의 공통점과 차이점을 살펴보고, 엄청난 매출을 이룬 〈포켓몬스터〉, 〈포켓몬고〉 사례를 확인합니다.

핵심 키워드

#스마트폰 #휴대폰광고 #애플리케이션 #앱수익구조 #게임기 #닌텐도 #요코이군페이 #닌텐도-애플 #포켓몬고

Section 01

고객이 만족하는 스마트폰은?

1.1 사용자를 위한 UX/UI 디자인

휴, 요즘 진로 때문에 너무 고민이야. 앞으로 우리가 가질 수 있는 유망한 직업에는 무엇이 있을까?

요즘 너의 관심사가 진로인 것 같으니 그럼 우리 생활에 밀접한 이야기를 해볼까? 오늘날 유망한 직업 중 하나로 UX와 UI를 디자인하는 직업이 있어.

UX와 UI가 뭐야?

UX는 사용자 경험User Experience, UI는 사용자 인터페이스User Interface의 줄임말이야. 이게 무엇을 의미하는지 알겠니? 한번 추측해 봐.

음, 말 그대로 UX는 경험, UI는 접속하는 것과 관련된 게 아닐까? 좀 더 구체적으로 설명해 줘!

그래, 그럼 먼저 UX, 사용자 경험에 대해 설명할게. 그 전에 너에게 한 가지 질문이 있어. 우짱, 네가 최근에 휴대폰을 사용하며 경험했던 일이나 느낌을 얘기해 주지 않을래?

나는 새로 나온 폴더블폰을 쓰고 있는데, 반으로 접을 수도 있고 펴서 크게 볼 수도 있어서 정말 편하게 쓰고 있어.

그렇게 네가 느낀 감정을 UX라고 해. 사용자가 시스템이나 제품, 서비스 같은 것들을 직접, 간접적으로 이용함으로써 얻는 총체적인 경험을 의미하지. 이 개념은 기술로 사용자의 편의를 높이는 데 중점을 두기보다는 경험을 통해 사용자의 삶의 질을 향상시키는 방향을 추구하는 새로운 접근법이야. 특히 휴대폰이나 이동통신, IT 분야에서 체계적으로 받아들이고 적용하기 시작했으며, 사용자가 기술을 사용할 때 경험하는 모든 것의 가치 향상을 추구하고 있어.

한마디로, 사용자가 시스템이나 제품, 서비스를 사용할 때 '이거 좋다!'라고 느낄 수 있게 한다는 거네. 그러고 보니 내가 평소에 쓰는 것들을 생각해 보면 내 생활 습관에 들어맞고 사용하기 편한 제품뿐만 아니라 내 감성을 자극하는 제품이나 내가 좋아하는 브랜드의 제품을 쓰게 되는 것 같아.

맞아, 바로 그런 의미라고 할 수 있어. 어떤 제품이나 서비스를 사용하면서 느낀 긍정적인 경험이 사용자의 특정 필요성을 만족시키고 브랜드에 대한 충성도를 향상시키는 데 크게 기여하게 되는 것이지.

그렇구나. UX가 뭔지는 알겠어. 그런데 UI는 뭐야?

UI는 UX의 하위개념으로, 디지털 기기를 작동시키는 명령어나 기법을 포함하는 사용자 환경을 뜻해. 좋은 사용자 인터페이스는 사용자가 오감을 통해 느낄 수 있는 경험에 집중해 사용자가 이 경험에서 필요한 요소를 쉽게 찾아 지속적으로 사용할 수 있도록 하고, 그 요소로부터 사용자가 필요한 결과를 명확하고 쉽게 얻어낼 수 있어야 해.

한마디로 UX가 큰 범위에서 사용자의 경험을 뜻한다면, UI는 우리가 많이 쓰고 있는 컴퓨터나 모바일 등과 같은 기기에서 느낄 수 있는 경험과 환경을 뜻한다고 할 수 있지.

아하, UI는 좋은 UX를 만들어 내기 위한 디지털 환경인 거구나. 그렇다면 UI의 종류는 상당히 다양할 것 같은데?

맞아, UI 종류로는 여러 가지가 있는데 간단히 살펴볼까?

그림 5-1 UI의 종류

종류	설명
GUI (Graphical User Interface, 그래픽 사용자 인터페이스)	GUI는 그래픽과 텍스트로 이루어져 있는데 대표적으로 Windows 시스템을 꼽을 수 있어. 그리고 사용자가 편리하게 사용할 수 있도록 여러 가지 기능을 아이콘으로 표현하는 것도 GUI에 포함되지.
WUI (Web User Interface, 웹 사용자 인터페이스)	WUI는 인터넷 익스플로러나 사파리 웹 브라우저를 통해 웹페이지를 열람하고 조작하는 인터페이스지.
CLI (Command-Line Interface, 명령줄 인터페이스)	CLI는 컴퓨터 자판을 이용해 명령어를 입력하는 방식이야.

NUI (Natural User Interface, 내추럴 사용자 인터페이스)	최근에는 마이크로소프트가 만든 NUI가 크게 확산되고 있는데, '내추럴'이라는 단어에서 알 수 있듯이 인간의 자연스러운 행동(손가락, 팔, 혀, 음성)을 인식해 활용하는 인터페이스야. 실제로 마이크로소프트에서 처음에 제시한 서비스 개념의 인터페이스를 보면, 마치 실생활에서 물건을 만지고 돌려보고 펼쳐보고 하는 듯한 인터페이스가 컴퓨터 조작이나 기기 동작에 그대로 응용되는 것을 볼 수 있어. 마이크로소프트에서는 기기에 무언가를 입력해야 하는 중간 과정을 뛰어넘어 사물에 직접적으로 적용되는 것이 혁신이라고 강조하고 있어.
BCI (Brain Computer Interface, 브레인 컴퓨터 인터페이스)	BCI는 뇌의 움직임, 즉 뇌파를 이용하는 인터페이스야. 사람이 생각만 해도 컴퓨터 화면에 여러 동작들을 불러올 수 있는 인터페이스지.

이러한 UI 외에도 감각적 인터페이스인 체감각 인터페이스, 휴대폰이나 태블릿에 많이 적용된 터치 사용자 인터페이스 등이 있어.

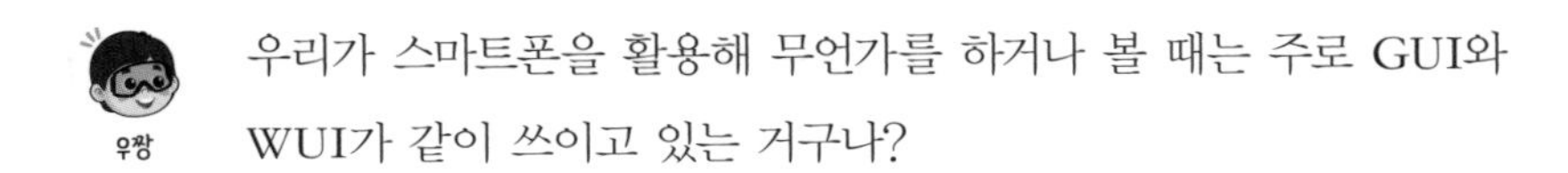

우쨩: 우리가 스마트폰을 활용해 무언가를 하거나 볼 때는 주로 GUI와 WUI가 같이 쓰이고 있는 거구나?

닥터봇: 그렇지. 사실 스마트폰은 UX와 UI가 가장 잘 표현된 기기 중 하나야.

우쨩: 그렇다면 스마트폰 개발에서 UX/UI 디자인이 엄청 중요하겠네?

닥터봇: 맞아. 그리고 그렇기 때문에 스마트폰과 그 이전의 휴대폰이 어떤 식으로 발전해 왔는지 살펴보면 그 당시 사람들의 요구, 사용자들이 원하는 경험이 무엇이었는지를 파악할 수 있어.

1.2 전 세계를 감동시킨 삼성전자의 UX

우짱

우리나라 휴대폰의 발전사를 통해 UX에 대해 더 자세히 알아보고 싶어.

닥터봇

좋아. 그렇다면 이제 우리나라를 넘어 전 세계를 공략 중인 삼성전자의 휴대폰을 중심으로 UX의 변화를 살펴볼게. 네가 태어나기 전으로 거슬러 올라가면….

그림 5-2 초창기 삼성 휴대폰

UX
반영 전

UX
반영 후

1993년, 삼성전자에서 처음 휴대폰을 만들었을 때 주로 들어오는 AS 신고가 조작 중 떨어트려서 일어나는 유형이었다고 해. 그래서 휴대폰을 떨어트리는 이유를 파악해 보니 휴대폰 하단에 있는 샌드Send 버튼이 문제였대. 전화를 걸 때 번호를 누르고 하단의 샌드 버튼을 눌러야 하는데 이 버튼을 누르다 무게중심을 잃어 휴대폰을 떨어트린 거지. 해결방안을 고심하던 삼성전자는 사용자들의 이야기를 듣고 UX에 반영해 버튼을 중간 위치로 올렸어. 실제로 그 이후 떨어트림 관련 AS 신고가 50%나 줄었다고 해.

그림 5-3 2002년에 출시된 '이건희폰'

2002년 출시된 SGH-T100 모델은 '텐밀리언셀러폰', 일명 '이건희폰'이라고 불렸어. 자그마한 조약돌 모양의 휴대폰인데 동양인보다 손이 큰 서양인들도 잘 쥘 수 있도록 크기를 키운 것이 특징이야. 가치혁신 이론을 현장에 도입해 성공한 대표적인 사례지.

이 모델에는 초박막 액정 표시 장치, 즉 TFT-LCD가 탑재되어 있는데, 이것 또한 UX에 근거한 사례로 들 수 있어. 기술을 추가하지 말지를 결정하는 단계에서 기술 팀에서는 배터리가 빨리 닳는다며 반대했지만, 개발 팀에서는 소비자가 원하는 것을 우선으로 하자며 계획을 강행했어.

그래서 이를 위해 전력을 절감할 수 있는 방법을 고안했고, 그 결과 일정 시간 사용하지 않으면 화면이 꺼지는 기술 등이 이 모델에 적용되었어. 그렇게 삼성전자는 휴대폰에 최초로 액정 표시 장치를 장착하며 전 세계적으로 큰 성공을 거두지.

그림 5-4 2004년에 출시된 'CEO폰'

2004년에 출시된 SCH-E560 모델은 'CEO폰'으로 불렸어. 고급스러운 디자인과 특별한 기능의 UX로 반응이 좋았던 사례야. 대표적인 기능이 '음성 벨'인데, 이는 전화가 걸려오면 전화번호부와 매칭해 "○○로부터 전화가 왔습니다."라고 음성이 흘러나오는 기능이야. 이보다 더 반응이 좋았던 녹음 기능은 1시간 분량을 녹음할 수 있다는 점이 큰 장점으로 작용했어.

이 'CEO폰'의 기능 사례를 통해 UX 반영에 있어 무엇이 중요한지 알 수 있어. UX를 반영할 때는 단순히 기능의 편리함을 담는 것이 아니라 그 기능을 통해 체험할 수 있는 경험, 그리고 감성을 자극하는 것이 중요하다는 것이지.

그림 5-5 2006년에 출시된 '비트박스폰'

2006년에 출시된 SCH-S310 모델은 일명 '비트박스폰'이라고 불렸어. 모션 센서를 활용해 연속 동작 인식이 가능했던 모델이지. 이 휴대폰을 위아래로 두 번 흔들면 스팸 전화나 메시지를 간단히 삭제할 수 있었고, 단축 번호를 설정한 뒤 해당 번호를 누르면 바로 전화가 걸리는 기능도 탑재되어 있었어.

동작을 인식할 수 있는 알고리즘을 개발해 원천기술을 확보하고 제품으로 개발한 점에서 의미가 큰 모델이야.

그림 5-6 2008년에 출시된 '애니콜 햅틱'

2008년에는 '애니콜 햅틱Anycall Haptic'이 출시됐어. 이 휴대폰은 시각, 청각, 촉각을 동시에 자극하며 휴대폰과 교감할 수 있는 감성적인 UI가 장착되어 있었지. 예를 들어, 진동벨에 강약이나 장단을 넣어 다양한 모드로 사용할 수 있었고, 터치에 기반한 사진 검색 및 위젯 적용 기능이 탑재되어 있었어. 사용자가 자신의 개성대로 기능을 편집할 수 있다는 점에서 UX의 혁신이었지.

그림 5-7 2011년부터 출시된 '갤럭시' 시리즈

갤럭시 시리즈는 워낙 유명해서 알고 있지? 2011년, 우리에게 익숙한 '갤럭시Galaxy'시리즈가 출시됐어. 안드로이드 OS가 스마트폰에 탑재된 후로 사용자의 개인 성향을 반영한 휴대폰이 많이 출시됐지. 갤럭시 또한 터치위즈 UX를 적용해 개인의 성향에 최적화된 콘텐츠와 서비스로의 접근이 가능했어. 사용자의 스타일에 맞춰 콘텐츠와 서비스를 배치할 수 있는 라이프 패널 기능과 사용자의 움직임을 파악해 여러 가지 콘텐츠를 표현해 주는 모션 기능 등 새로운 형태의 UX를 대거 적용해 큰 성공을 거뒀어.

그림 5-8 2011년부터 출시된 '갤럭시 노트' 시리즈

2011년에는 '노트Note' 시리즈도 출시되는데, 5.3인치 HD Super AMOLED 디스플레이와 S펜이 탑재되었어. 이 또한 사용자 경험을 일괄적으로 수집해 만든 UX 기반 휴대폰이야. 당시 시장에 대화면 휴대폰이 꽤 출시되어 있어서 삼성전자에서는 9개국 1만 2천 명을 대상으로 손은 어떻게 쓰는지, 펜 입력은 어떻게 하는지, 통화 방식은 어떤지 등의 정보를 수집해 사용자의 요구와 사용 패턴을 분석했다. 이렇게 얻어낸 사용자 경험을 반영하여 갤럭시 노트만의 차별화된 UX를 개발한 것이지.

1.3 광고로 보는 스마트폰의 진화

우짱

휴대폰의 형태와 기능이 사용자 경험을 기반으로 이렇게 많이 바뀌어 왔구나. 저런 휴대폰은 옛날에 사용했을 것 같은데 생각보다 오래되지 않았다는 게 신기해. 내가 알고 있는 이런 스마트폰이 된 게 그리 오래되지 않았다니 말이야.

닥터봇

그만큼 기술이 빠르게 발전하고 있다는 걸 알 수 있는 대목이지. 우짱, 혹시 최근에 본 스마트폰 광고 중에서 기억에 남는 영상이 있니?

우짱

음, 얼마 전에 유튜브에서 아이폰 광고를 봤어. 카메라랑 디스플레이를 엄청 강조하던 게 생각나.

닥터봇

그렇지? 보통 광고 시간은 짧으니까 그 사이에 제품의 가장 큰 강점을 인지할 수 있게끔 만들곤 해. 지금의 스마트폰이 출시되기 전까지 우리나라에 어떤 휴대폰이 있었는지 광고를 통해 조금 더 상세히 알려 줄게.

그림 5-9 1994년: 통신 연결성을 강조하는 초창기 애니콜 광고

애니콜Anycall의 시작은 1994년이야. 초창기 애니콜 광고는 '언제 어디서나 고감도'라는 메시지를 담고 있어. 폭설이 내리는 산속에서도 잘 터지는 모습을 강조하고 있는데, 이때는 '어디서든 연결이 잘 됨'이라는 휴대폰 자체의 기능을 알리는 것이 중요했지. 즉, 전화 기능이 전부인 시기였던 거야.

그림 5-10 **1997년: 경량화를 강조하는 애니콜 광고**

1997년쯤에는 연결이 잘 되는 것 외에도 좀 더 가볍고 작은 크기를 원하는 사용자 경험이 반영되었어. 그 당시의 애니콜 광고에서 최소형 및 초경량이라는 특징과 함께 음성 인식 자동 다이얼, 전자 계산 기능 등의 부가 기능을 강조하는 걸 볼 수 있어.

그림 5-11 **1998년: 데이터 통신을 강조하는 LG 싸이언 광고**

휴대폰 보급이 확대되고 기술도 발전하면서 데이터 통신 기능이 가능한 모델이 등장하지. 하지만 초기 데이터 통신은 모뎀[Modem]이라는 전화선을 연결해 사용했기 때문에 통신 비용은 상당히 비쌌어. 그래서 1998년 출시된 LG 싸이언 광고를 보면 데이터 통신 지원을 강조하는 내용이 주를 이루고 있어.

또한 아직까지 가정마다 전화기가 있던 시절이라 부재중 자동 녹음이 가능한 전화기가 인기를 끌었어. 그래서 이 휴대폰에도 부재중 자동 녹음 기능이 도입되었지.

그림 5-12 **1999년: 폴더폰을 강조하는 애니콜 광고**

1999년에 이르면 폴더폰이 등장해. 플립 형태나 바 형태로 휴대폰의 크기를 축소하는 데 한계가 생기자 폴더 형태의 휴대폰이 개발된 거야. 휴대 중에는 접어서 보관하고 사용할 때만 펼치면 되기 때문에 효용성은 유지한 채 기기의 크기를 축소할 수 있는 최적의 기술이었지. 애니콜 광고에서도 휴대폰이 접혔다 펴지는 것을 보여 주며 기술의 발전을 강조했어. 이 사례를 통해 사용자 경험이 휴대폰 개발에 직접적으로 반영됨을 알 수 있지.

그림 5-13 2000년대 초: 통화 대기시간 및 배터리 성능을 강조하는 산요 광고

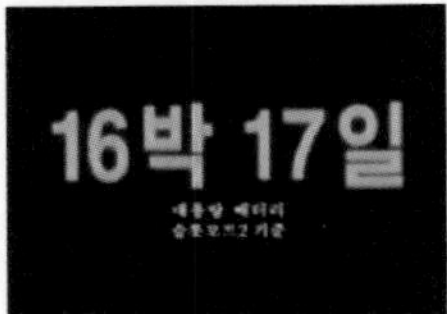

통화를 하지 않고 대기만 할 수 있는 통화 대기시간에 대한 소비자의 요구도 끊이질 않았고, 그 결과 2000년대 초 출시된 제품의 통화 대기시간이 7일 정도에서 나중에는 16박 17일까지 발전하게 되었어. 이와 더불어 배터리 기술도 발전하고 적외선 무선 통신 기능이 개발되면서 텍스트 외 사진이나 전화번호부 전송도 가능해졌지.

폴더폰이 한때는 혁신이었지만 계속 사용하다 보니 시계를 보기가 불편하고 계속 여닫으면 배터리도 금방 소모되어 소비자들의 불만이 쌓였어. 그래서 폴더를 열지 않고 화면을 바로 확인할 수 있는 듀얼 폴더폰이 출시됐지. PDA폰도 개발이 되지만 메일 정도만 확인할 수 있는 전자수첩 기능의 휴대폰이라 큰 성공을 거두진 못 했어.

그림 5-14 MP3 기능을 강조하는 애니콜 광고

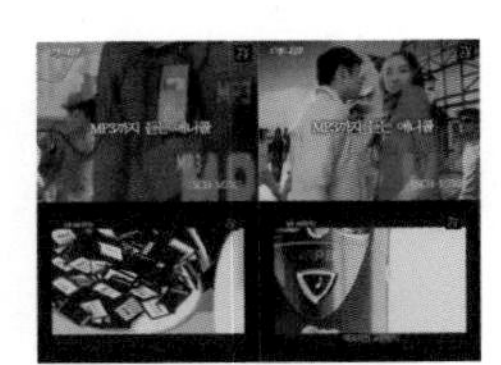

이후 등장한 휴대폰은 MP3 기능이 탑재된 휴대폰이야. 인터넷 가입자 수요가 크지 않은 상황이었으므로 간단히 음악을 다운받고 들을 수 있는 휴대 장치에 대한 소비자 요구가 생긴 거야. 그 당시 유행에 민감한 사람들은 휴대폰, MP3, 디지털카메라를 항상 들고 다녔는데 이 중 하나인 MP3가 폰과 합쳐져 출시되었지.

그림 5-15 컬러를 강조하는 싸이언 광고

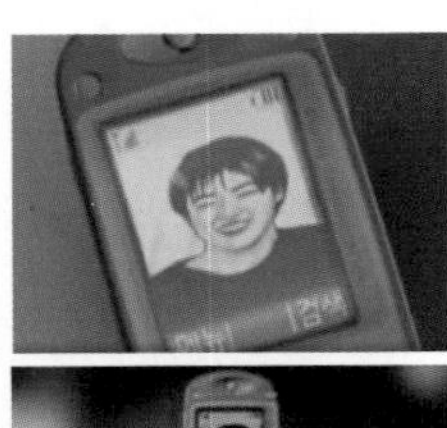

문자의 길이가 길면 4줄 정도밖에 확인이 안 돼 불편하다는 소비자의 요구에 맞춰 8줄을 한 화면에서 볼 수 있는 휴대폰도 출시되었어.

그리고 이후 컬러 화면에 대한 소비자 요구가 접수되면서 256컬러가 도입되기 시작했지. 사용자들이 휴대폰으로 아바타를 키우거나 바탕화면 그림을 설정하는 등의 기능을 즐길 수 있게 된 거야. 이때 컬러를 강조하는 광고들이 많이 등장했는데 특히 애니콜에는 TFT LCD 애니콜 컬러가 들어가 큰 인기를 끌었어.

그림 5-16 **화소를 강조하는 팬택 광고**

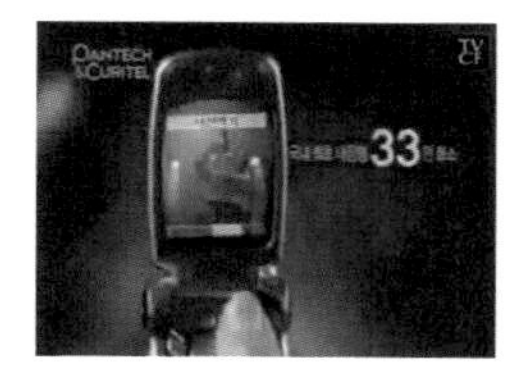

컬러 이후로는 사운드 충족이 중요해졌고 16화음을 시작으로는 40화음, 64화음 출력이 가능한 휴대폰이 등장했어. 64화음 이후로는 사운드를 따로 언급하지 않는데, 40화음 이상이 되면 사람의 음성이나 MP3 음질을 표현하기에 어려움이 없었기 때문이야.

휴대폰에 MP3, 디지털카메라가 합쳐진 지 얼마 안 된 개발 초기에는 화소 수가 그렇게 높지 않았지만, 당시엔 그것도 대단한 기술이었어. 애니콜은 11만 화소의 고성능 카메라를 탑재했으며 팬택[Pantech Co, Ltd.]이라는 벤처기업은 국내 최초로 33만 화소 카메라를 출시했어.

그림 5-17 **각도 조절 기능을 강조하는 팬택 광고**

카메라 관련 UX 요구사항이 접수되면서 연사 기능, 각도 조절 기능 등이 강조되기 시작했어. 광고에서는 연사 기능을 활용하면 눈을 감은 사진이 찍히는 것을 막을 수 있다고 강조하기도 했지. 각도 조절 기능 도입은 본격적인 셀프카메라, 즉 셀카의 시대가 시작되었음을 알리는 중요한 시도였어. 이전까지는 휴대폰 뒷면에 장착된 카메라밖에 없어 사진에 찍히는 내 모습이 어떤지 파악하기가 어려웠는데, 각도 조절이 가능해지면서 스스로의 모습을 조절하기가 수월해졌어.

그림 5-18 **MP3 기능이 탑재된 휴대폰 광고**

MP3 기능과 관련해서도 UX 요구가 커져 MP3 관련 기능이 다양한 폰이 출시되었어. 아이리버 등의 MP3 기기가 출시되던 때라 휴대폰에서도 MP3 전용 플레이어의 기능이 탑재됐지.

과거의 내용을 들으면서 이해하니까 더 재미있는 것 같아! 그렇다면 UX로 인해 휴대폰의 겉모습도 바뀌었다고 할 수 있겠네?

그렇지. 기능뿐만 아니라 휴대폰 외형도 소비자 요구를 반영해 끊임없이 변화했어. 기다란 바 형태에서 시작해 아래만 열리는 플립 형태, 접고 펼 수 있는 폴더 형태, 밖에서 내용을 확인할 수 있는 듀얼 폴더 형태로 발전했지.

바에서 플립, 폴더, 듀얼 폴더순으로 변화했고, 그때의 플립은 지금 내가 알고 있는 '갤럭시 Z 플립'과는 다른 형태였구나. 듀얼 폴더 다음에는 어떻게 변화했어?

액정 크기가 점점 커지고 카메라가 탑재되면서 슬라이드폰이 등장했어. 그리고 슬라이드폰의 등장은 폴더폰 일색이었던 휴대폰 시장에 큰 변화를 가져왔지.

슬라이드폰의 등장 이후 다양한 디자인의 휴대폰이 출시되었는데 그중 상당한 인기를 끌었던 것은 '가로본능'이라는 휴대폰이야. 혹시 들어 본 적 있니?

물론이지! 내가 어렸을 때 우리 부모님 휴대폰이 그 모델이었거든. 화면을 옆으로 돌릴 수 있어서 T-스윙이라고도 불렀던 걸 기억해.

잘 알고 있구나. 덧붙여 말하면 그때 그런 형태가 인기를 얻었던 이유는 바로 DMB 때문이었어. 그 당시 시행됐던 DMB 서비스를

사용하려면 사용자들이 휴대폰을 옆으로 돌려야 했는데 '가로본능' 휴대폰은 화면 자체를 가로로 돌릴 수 있어 편리했지.

그림 5-19 애니콜 가로본능 휴대폰 광고

우광

사용자의 요구를 잘 반영했던 휴대폰이라 인기를 끌 수 있었던 거구나. 그 이후의 휴대폰들은 어떻게 변화했어?

닥터봇

동영상을 찍어서 블로그에 업로드하는 것이 유행하자 디지털캠코더가 휴대폰 안으로 들어왔어. 화소 수가 증가해 카메라 기능이 상당히 좋아졌고, 동영상 메일 전송 기능 등이 더해지면서 사용자의 편리성이 매우 크게 증가했지. 그리고 동영상을 원활히 저장할 수 있도록 휴대폰 용량도 상당히 늘었다고 해. 가령 애니콜은 영상 녹화가 130분 이상 가능하다는 것을 강조했고 팬택은 3시간짜리 공연을 촬영해 저장하는 것이 가능함을 강조했어. 하지만 이러한 기술 발전 이후 불법 촬영 같은 디지털 범죄가 사회적 문제로 대두되기도 했지.

그림 5-20 영상 촬영 기능을 강조한 애니콜 광고

불법 촬영은 그때나 지금이나 문제구나. 그런데도 카메라 기술은 계속해서 발전한 거지?

응, 그랬지. 휴대폰의 카메라도 계속 발전해 100만 화소를 훌쩍 넘고 200만 화소, 300만 화소까지 진화해 디지털카메라와 비슷한 화소에 도달했어. 팬택에서 광학 줌 기능이 들어간 휴대폰을 최초로 개발했고 애니콜에서는 디지털카메라와 동일하거나 화소가 더 높은 휴대폰을 출시하기도 했지.

그리고 이런 카메라 화소의 발전은 트루컬러로 이어졌어. 그 당시 광고를 보면 500만 화소를 찍고 1600만 컬러로 볼 수 있으며 TV로 연결까지 가능함을 강조했어. 즉, 캠코더의 기능과 디지털카메라의 기능이 그대로 휴대폰에 담겨 있다는 걸 의미했지.

그림 5-21 트루컬러 기능을 강조한 휴대폰 광고

우짱

우리나라 휴대폰의 UI와 UX는 정말 끊임없이 발전해 왔구나.

닥터봇

맞아, 그리고 오늘날에도 휴대폰 제조사들은 사용자 요구에 맞게 휴대폰을 계속 발전시키려고 노력하고 있다고 해.

1.4 접어서 만드는 미래, 폴더블폰

우짱

지금까지 휴대폰의 UX, UI 발전이 엄청났는데, 그렇다면 미래에는 어떨 것 같아?

닥터봇

미래 휴대폰 시장을 선점하기 위한 경쟁은 매우 치열해. 휴대폰에 적용되는 기술 또한 혁신을 거듭하고 있지. 현재 이 혁신의 대표적인 UX 모습은 바로 폴더블폰이 아닐까 싶어.

우짱

예를 들자면? 삼성전자의 '갤럭시 Z' 시리즈도 폴더블폰인 거지?

닥터봇

맞아, 오늘날 다양한 기업에서 폴더블폰을 개발 중이지만 '폴더블Foldable' 기술은 삼성전자에서 최초로 특허 등록을 했어. 화면이 안으로 접히는 인폴딩 형식이었는데, 이후에 2단, 3단까지 접히는 기술을 개발하고 특허를 냈지.

그림 5-22 삼성의 폴더블 기술

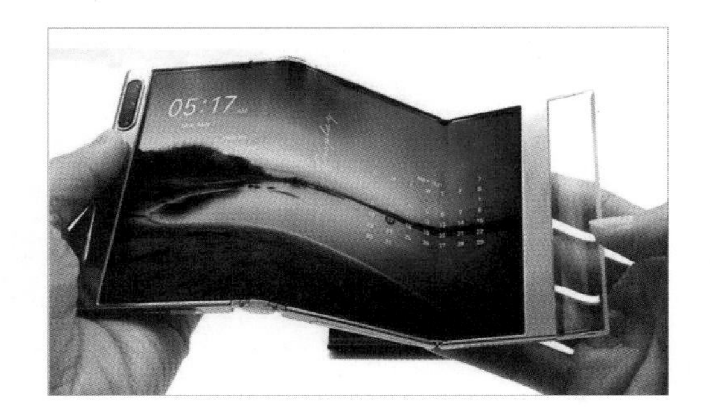

두 번 접는 '더블 폴딩 폼팩터Double-folding Form Factor'는 화면을 안으로 접는 인폴딩 방식과 바깥으로 접는 아웃 폴딩 방식이 결합된 거야. 휴대폰 화면을 완전히 펼쳤을 때 하나의 대형 디스플레이가 나타나며, 두 번 다 접었을 때는 가장 바깥쪽에 있는 외부 화면을 이용할 수 있어. 이처럼 두 번 접히는 폴더블폰, 화면이 늘어나는 폰, 폴더블 태블릿, 화면 속에 숨은 카메라 구멍 등과 같은 기술은 차세대 갤럭시 스마트폰에 탑재될 것으로 보여.

더불어 '슬라이더블Slidable' 기술은 가로 방향으로 화면을 늘릴 수 있는 디스플레이 기술이야. 평상시에는 평범한 스마트폰인데 화면을 확장하면 멀티태스킹, 대화면 영상 및 다양한 콘텐츠 시청이 가능하지.

그림 5-23 삼성의 슬라이더블 기술

우짱

폴더블 기술이 미래의 핵심 기술이라고 했는데, 그럼 다른 기업들은 어때?

닥터봇

지금은 모바일 사업부를 철수한 LG전자부터 애플, 화웨이, 레노버 등 세계 유수 기업들이 폴더블폰을 출시했거나 현재 폴더블 기술을 적용해 나가는 과정에 있어.

그림 5-24 LG의 듀얼 스크린폰 V50

LG전자는 2개의 바디를 하나로 연결하는 디스플레이 방식을 출원해 2개의 화면을 접었다 폈다 하는 방식의 듀얼 스크린폰을 우선적으로 출시했어. 이 상품이 좋은 반응을 얻자 투명한 화면의 폴더블폰을 기획하기도 했지.

하지만 이후 출시하는 제품마다 적자 행진을 기록하다 휴대폰 사업을 시작한 지 26년 만인 2021년, 모바일 사업을 철수하게 되었어. 누적 적자액이 무려 5조 원에 달한다고 하는데, 이는 기술혁신 경쟁에서 밀리거나 소비자 신뢰를 잃으면 아무리 큰 기업이라도 살아남을 수 없다는 냉혹한 현실을 보여 주는 사례라고 할 수 있어.

그림 5-25 애플의 폴더블 스마트폰 개발

애플도 2020년대 상용화를 목표로 폴더블폰을 개발 중이며 '유연한 디스플레이 장치'란 특허도 출원했어. 화면이 접혀 있을 때는 5.5인치의 아이폰이었다가 펴면 9.7인치 정도의 크기로 커지며 아이패드가 되는 모습이지. 애플에서 출시할 제품은 7.3~7.6인치 크기의 OLED를 탑재하고 접혀도 깨지지 않는 강화 세라믹 유리를 사용할 것으로 보여. 디자인은 삼성전자가 출시한 '갤럭시 Z 플립'처럼 가로를 축으로 화면이 위아래로 접히는 형태가 되고 삼성의 S펜 같은 스타일러스 펜이 장착될 것으로 예상되고 있어. 그리고 애플은 여기서 한발 더 나아가 매끄러운 폴더블폰을 완성하기 위해 힌지 부분을 케이스 안에 숨기는 디자인도 개발한 것으로 알려져 있어. 이 기술을 적용하면 먼지가 기기 내부로 들어오는 것을 막을 수 있다고 해.

그림 5-26 화웨이의 폴더블폰과 자체 OS

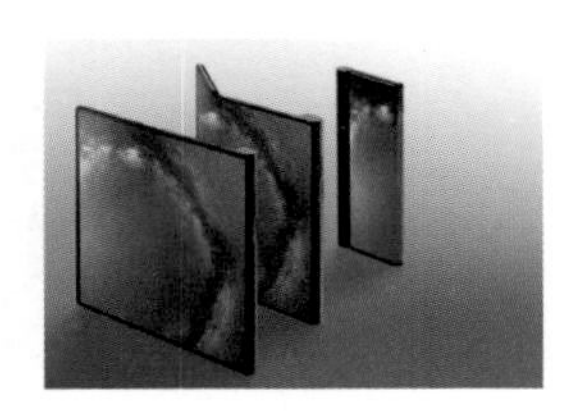

중국 쪽 회사들의 움직임도 만만치 않아. 화웨이Huawei는 LG전자처럼 2개의 화면을 접는 구조를 택했지. 주력 상품은 '메이트 X'로, 아웃폴딩 방식을 채택해 화면을 접었을 때 전면, 후면을 모두 사용할 수 있다고 해. 그리고 메이트 X의 다음 버전인 '메이트 X2'는 인폴딩 형식으로 개발되었어. 화웨이의 CEO 런정페이는 메이트 X2에 대해 "갤럭시 Z 폴드2보다 디스플레이가 크고 접었을 때 가운데 틈이 없다. 가장 얇은 부분은 4.4mm이다."라고 강조하기도 했지.

미국 정부 제재로 구글 안드로이드 OS를 쓰기 어려워지자, 화웨이는 2019년에 자체적으로 개발한 '하모니 OS'를 발표하기도 했어. 초기 하모니 OS는 TV에서만 사용 가능했지만, 새로 공개한 하모니 OS 2.0은 PC와 스마트워치, 스마트폰 등에서도 사용할 수 있게 되었어. 화웨이는 자사의 IoT 제품들이 하모니 OS 기반으로 돌아가게 만들 계획을 세우고 있어.

그림 5-27 레노버의 폴더플 기술

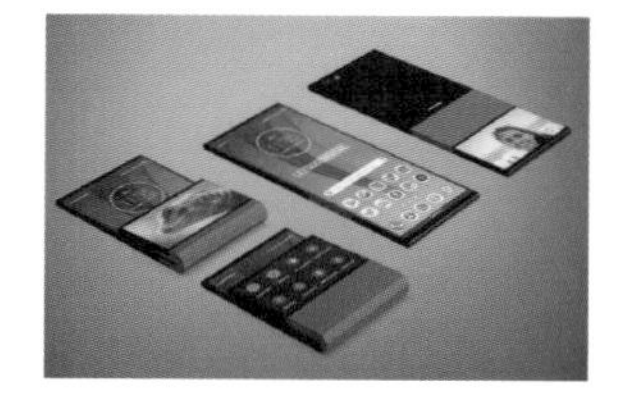

또 다른 중국 기업인 레노버Lenovo도 폴더블폰을 개발해 공개했는데, 5.5인치로 작동시키다가 화면을 펼치면 7.8인치 대화면으로 바뀌는 형태야. 하지만 접을 때 화면에 주름이 생겨 상용화까지는 상당한 시간이 걸릴 것으로 보여.

레노버는 2018년 세계지식재산권기구WIPO에 스마트폰 화면을 뒤에서 앞으로 접어 화면을 2개로 만드는 방식을 특허로 제출하기도 했어. 힌지 부분이 유연해 사용자가 여러 방식으로 스마트폰을 접을 수 있는 기술인데, 스마트폰을 앞으로 접으면 새로운 스크린이 나타나고 그렇게 접는 면적이 커질수록 스마트폰의 전체 크기가 작아지는 식이지.

레노버는 2019년 모토로라와 함께 첫 폴더블폰을 출시했고 2세대 폴더블폰을 개발하기 위해 박차를 가하고 있는 상황이야.

그림 5-28 TCL의 롤러블폰

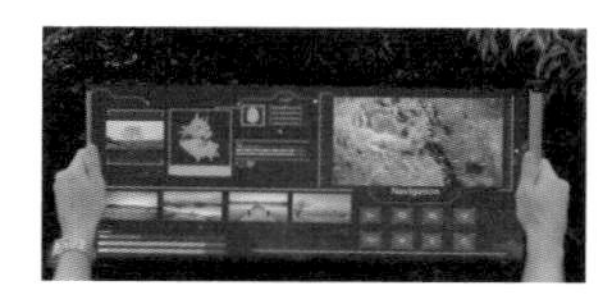

중국의 테크 기업인 TCL은 국제전자제품박람회CES 2021에서 2가지 형태의 롤러블폰을 선보였지. 롤러블Rollable 기술은 디스플레이가 두루마리처럼 말리는 기술이야. 첫 번째 제품은 정사각형에 가까운 손바닥만 한 스마트폰으로, 화면을 두드리면 6.7인치에서 7.8인치로 확대할 수 있는 제품이었어. 그리고 두 번째 제품은 롤러블 17인치 디스플레이로, 2개의 원통형 막대 사이에 디스플레이가 삽입돼 두루마리처럼 좌우로 펼쳐지는 형태였지. 참고로 왼쪽에 보이는 사진이 이 두 번째 제품이야.

콘텐츠를 담는 모바일 앱(App)

2.1 모바일 애플리케이션의 네 가지 형태

초기에는 휴대폰이 전화 또는 메시지의 목적으로 사용되었지만 현재는 많은 기능을 가진 스마트폰으로 발전한 거구나.

맞아, 오늘날 스마트폰에는 수많은 센서와 기능이 내장되어 있어서 스마트폰만 가지고도 할 수 있는 일이 무궁무진해. 너는 평소에 스마트폰으로 어떤 걸 하니?

나는 주로 게임이나 음악 감상, 쇼핑 같은 걸 하는 편이야. 앱App만 다운받으면 바로 내가 원하는 활동을 할 수 있어서 참 편리하고 좋아.

네가 말한 것처럼 스마트폰의 가장 큰 장점 중 하나는 여러 앱을 통해 다양한 기능을 활용할 수 있다는 점이야. 우짱, 혹시 앱이 정확히 뭘 뜻하는지 아니?

앱은 애플리케이션Application이지! 그리고 애플리케이션은…. 애플리케이션은 뭐지?

애플리케이션이란 특정한 업무를 수행하기 위해 개발된 응용 소프트웨어야. 스마트폰 기기 자체는 하드웨어이고, 이런 하드웨어의 기능을 활용할 수 있게끔 하는 게 바로 소프트웨어야.

- **하드웨어**: 중앙 처리 장치CPU 등 컴퓨터를 구성하는 물리적 장치.
- **소프트웨어**: 컴퓨터가 동작하도록 하는 명령어의 집합. 하드웨어에 명령어를 전달해 컴퓨터가 작동할 수 있도록 함.

그러면 혹시 스마트폰에서 작동되는 애플리케이션을 따로 지칭하는 말이 있을까?

휴대폰에 들어 있는 앱은 '모바일 애플리케이션'이라고 불러. 그리고 모바일 애플리케이션은 네이티브 앱Native App, 모바일 웹Mobile Web, 모바일 웹앱Mobile Web App, 하이브리드 앱Hybrid App이라는 네 가지 형태로 구분할 수 있어.

그 네 가지 모바일 앱은 각각 어떻게 달라?

첫째, **네이티브 앱**은 모바일 기기에 직접 설치되고 사용되는 앱이며 일반적으로 우리가 '앱'이라고 부른 것들이 이것에 포함돼. 두 번째로 **모바일 웹**은 모바일에 맞춰진 웹사이트야. 세 번째로 **모바일 웹앱**은 모바일 웹의 일부이지만 좀 더 모바일에 최적화된 형태의 앱이며, 모바일 브라우저에서 URL 링크로 접속해 사용하기 때문에 광고 분야에서 많이 쓰이고 있어. 마지막으로 **하이브리드 앱**은 요즘 가장 많이 쓰는 형태로 모바일 웹앱에 네이티브 앱이 합쳐진 형태야. 이러한 모바일 애플리케이션들은 모바일 오픈마켓에서 판매되고 사용돼.

모바일 오픈마켓이 뭐야?

오픈마켓은 온라인상에서 자유롭게 상품을 거래하는 중개형 쇼핑몰로, 모바일 오픈마켓에서는 모바일 관련 콘텐츠를 다운로드하거나 내가 개발한 것을 올려 공표할 수 있어. 휴대폰 시장에 진출한 IT 회사들은 자체적인 오픈마켓을 운영하고 있어. 대표적으로 애플의 '앱 스토어', 구글 안드로이드 계열의 '구글 플레이 스토어'가 있지.

아하, 애플의 앱 스토어, 구글 플레이 스토어, 갤럭시 앱 스토어, 원스토어 같이 모바일 콘텐츠를 거래하는 마켓이 모바일 오픈마켓인 거구나. 잘 알겠어.

2.2 모바일 앱 활용 사례(정보형)

우짱, 애플리케이션이 담고 있는 정보의 형태에 따라 그 앱의 유형이 분류되기도 한다는 거 알고 있니?

정보의 형태? 그게 무슨 소리야?

애플리케이션은 정보의 형태에 따라 크게 정보형, 오락형, 생활형으로 구분할 수 있어. 네가 좋아하는 대다수의 게임은 어디에 해당할 것 같아?

오락형! 이건 너무 쉽지. 근데 정보형과 생활형은 어떤 걸 말하는 거야?

정보형은 유용한 정보를 제공해 주면서 애플리케이션의 가치를 갖는 형태로, 주로 뉴스 같은 앱이 여기에 해당해. 그리고 생활형은 생활에 필요한 각종 정보 같은 것들이 도입된 앱이야. 사용자들이 지속적으로 사용할 수 있도록 만드는 게 특징이지.

아하, 그럼 만약 내가 누군가에게 어떤 이야기를 효과적으로 전달하고 싶은 경우에는 정보형 앱이 가장 적합하겠네?

그래, 맞아! 네 말대로 정보형 앱은 이야기를 효과적으로 전달하는 수단이 되기 때문에 공익캠페인이나 기업 마케팅 시 주로 사용한다고 해.

그래? 정보형 앱이 실제로 어떻게 사용되는 앱인지 좀 더 자세히 알고 싶어.

대표적인 것은 앞서 말했듯이 공익캠페인에 활용되는 앱이야. 독일의 한 비영리단체는 여성을 대상으로 한 폭력을 근절하기 위한 캠페인용 애플리케이션을 만들었어. 이 앱을 켰을 때 나오는 첫 화면에서 어떤 여성의 사진을 넣고 실행시키면 주먹이 나타나 사진 속 인물을 때리고 멍이 들게 해. 그렇게 여성이 다친 모습을 만들어 내면서 여성을 때리는 행위가 범죄인 것을 알려 주는 거야. 굉장히 직접적이지? 이 캠페인은 시각적으로 상당한 충격을 주며 여성 대상 폭력의 위험성을 체감하게 함으로써 그러한 범죄를 근절시키는 데 일조했다고 해.

또한 독일뿐만 아니라 우리나라에서도 공익캠페인을 위해 앱을 사용한 사례가 있어. 우리나라 기업인 제일기획은 증강현실AR을 활용해 미세먼지의 위험성을 알리는 '더스트씨DustSee' 공익 캠페인을 실시했어. 스마트폰 카메라가 비추는 화면에 공기 중 떠다니는 미세먼지 이미지를 확대해 보여 주는 애플리케이션이야. 이를 통해 사용자의 위치에 따른 실시간 미세먼지 농도, 바람의 강도 등이 AR 영상에 반영되는 모습을 볼 수 있지.

그렇게 하면 확실히 캠페인이 전하는 메시지가 피부로 확 와닿을 것 같아. 앱이 정보를 전달하는 데 매우 효과적이라는 게 무슨 말인지 이제 알겠어. 그런데 그런 공익캠페인 말고 마케팅에서는 어떻게 사용되고 있어?

어떤 메시지를 전달하는 것 외에 기업의 이미지를 만들고 홍보하는 데에도 앱은 정말 효과적이야. 먼저 유명한 장난감 회사지? 레고에 대해 이야기해 볼게. 레고는 종류가 많지만 아이들이 한창 잘 가지고 놀다가 금방 질리는 장난감 중 하나야. 그래서 레고는 특별한 보드게임 장난감을 만들고 앱을 실행하면 자기가 가진 레고를 가지고 퍼즐 퀴즈를 진행할 수 있게 했어. 전 세계의 레고를 가진 아이들과 함께 게임을 할 수도 있고, 앱의 퍼즐 게임을 완료하고 사진을 찍어 올리면 순위까지 매길 수 있게 해서 아이들이 질리지 않고 계속 레고를 가지고 놀도록 만든 사례야.

게임과 관련되었다고 해서 무조건 오락형은 아닌 거구나. 이런 식의 또 다른 정보형 앱 마케팅 사례가 있어?

우짱은 게임을 좋아하니까 〈동물의 숲〉이라는 게임을 알고 있지? 그런데 '이케아IKEA'라는 가구 회사는 조금 생소할 거야. 이케아는 매우 유명한 가구 기업 중 하나인데, 이 회사는 미디어 환경 변화를 받아들이며 지난 70년간 제작했던 종이 카탈로그의 발간을 전격 중단하고 온라인과 디지털에 집중하겠다는 방침을 밝혔어. 특히 이케아는 이를 통해 환경을 중시하는 기업의 이미지를 만들고자 노력했지. 이러한 이미지 메이킹을 위해 이케아 대만IKEA Taiwan은 디지털 카탈로그를 제작하면서 유명한 닌텐도 스위치 게임 〈모여봐요 동물의 숲〉과 콜라보를 진행했어. 이케아의 앱에 들어가 보면 〈동물의 숲〉 세계를 이케아 가구로 꾸며 놓은 모습을 볼 수 있었지. 이를 통해 이케아는 귀엽고 '숲'에 어울리는 기업 이미지를 얻을 수 있었고, 이에 더해 〈동물의 숲〉의 인기도 같이 상승했다고 해.

2.3 무료 앱 수익 구조

앱은 굉장히 다양한 용도로 쓰이고 있구나. 그런데 닥터봇, 내가 자주 쓰는 앱은 거의 다 무료로 다운받았는데, 그 앱을 만든 사람은 무료로 이걸 제공하는 거야? 그 사람들은 어떻게 돈을 벌지?

사람들이 사용하는 대부분의 앱은 무료로 다운받을 수 있지만, 앱 제공자는 여러 방법을 통해 수익을 얻고 있어. 대표적인 방법으로는 인앱 결제, 광고, 부분 유료화, 수수료라는 네 가지 방법이 있지.

'인앱 결제'라는 말은 뉴스나 기사에서 많이 들어 봤어! 이건 어떤 방식이야?

인앱 결제는 말 그대로 인앱 구매를 유도하는 방법이야. 앱 안에서 사용자가 추가적으로 결제하도록 유도하는 방법이지. 세부적인 방법으로 세 가지가 있어. 먼저 가장 흔한 방법은 '구독'이야. 구독하기는 보통 무료 체험판 형태로 제공되는데 먼저 일주일에서 한 달 정도를 무료로 체험해 보고 그 이후에는 금액을 내고 쓰도록 하지. 대부분 한 달 구독으로 결제를 하고 연간으로 구독하면 일정 금액을 할인해 주는 방법으로 사용자가 결제하도록 유도해. 이 방법은 앱 제공자 입장에서는 주기적으로 수익을 얻을 수 있기 때문에 유용하지만, 사용자 입장에서는 매달 지출해야 하는 것이 부담이 될 수 있어서 잘 고려해야 해.

인앱 결제의 두 번째 방법은 '광고 차단'이야. 무료 앱을 사용하다가 중간중간 광고가 나오는 걸 본 적 있지? 그때 일정 금액을 지불하고 나면 더 이상 광고가 나오지 않아 앱을 훨씬 편하게 사용할 수 있었을 거야. 이 방법은 사용자에게 편의를 제공하면서 수익을 얻는다는 것에서 장점이 있지만, 광고를 불편하게 느끼지 않는 사용자에게는 수익을 얻을 수 없어 구독보다 효과적이라고 보기는 어려워.

마지막 방법은 '아이템 구매'인데, 이 방법은 게임을 좋아하는 우짱은 알고 있겠지? 게임 내에서 아이템을 구매하도록 해서 수익을 얻는 방법이야.

우짱

무료 앱으로 수익을 얻는 방법으로 인앱 결제 말고도 광고, 부분 유료화, 수수료가 있다고 했잖아. 그런데 광고는 방금 인앱 결제에서 말한 거 아냐?

닥터봇

앞에서 광고 차단을 통해 수익을 얻는다고 설명했지만, 반대로 앱에 광고를 넣어 **광고 수익**을 얻을 수도 있어. 광고는 사람이 있는 곳이면 어디든지 적용이 될 수 있다는 장점이 있는데, 사용자가 많은 앱이라면 광고는 엄청난 수익 구조가 될 수 있겠지? 먼저 많은 사용자를 보유한 후에 광고를 제공할 공간만 잘 만들어도 그 앱의 가치는 엄청나게 상승할 수 있어. 예를 들어 부동산 매물을 보여 주는 앱 중 하나인 '호갱노노'라는 앱은 아직까지 광고를 받지 않고 있지만, 많은 사용자를 보유하고 있어서 언제든 광고를 넣을 수 있는 앱으로 평가받아 높은 가치를 띠고 있는 앱이라고 할 수 있지. 이렇게 많은 사용자를 하나의 네트워크로 연결해 얻는 효과를 어려운 말로 '네트워크 효과Network effect'라고 해.

우짱

사람이 모이면 돈이 된다는 의미구나. 백 명이 있는 곳에 광고하는 거랑 백만 명이 있는 곳에 광고하는 건 확연히 다를 테니까 말이야. 그러면 무료 앱으로도 수익을 충분히 창출할 수 있겠다는 생각이 들어. 아, 나머지 방법들에 대해서도 알고 싶어. 부분 유료화와 수수료 말이야!

닥터봇

무료 앱으로 수익을 창출하는 세 번째 방법은 **부분적으로만 유료화**를 하는 방법이야. 요즘 많은 앱이 이런 방식을 택하고 있어. 예를 들어 무료 라이트 버전을 만들어서 사용자가 무료 버전을 사용할 수는 있지만 고급 기능들은 못 쓰도록 제한을 하는 방식이지. 만약 더 많은 기능을 사용하고 싶다면 프로 버전을 구매해서 써야만 해. 특별한 기능을 제한하는 것 뿐 아니라 단순히 사용할 횟수를 제한해서도 구매를 유도할 수 있어. 예를 들어 구글의 클라우드 기능인 구글 드라이브는 일정 용량까지는 무료로 제공하지만 더 많은 용량을 사용하려면 결제를 해야 하지. 나아가 그림 그리기 앱 같은 경우에도 대부분 모든 기능을 제공하지만 브러시, 레이어 등 사소한 불편한 점들을 일부러 만들어서 프로 버전을 구매하도록 유도하기도 해.

무료 앱을 쓰다가 필요한 추가 기능을 구매하는 식이니까 상당히 합리적이라는 생각이 들어. 사소한 불편한 점을 일부러 만든다는 건 조금 치사하게 느껴지기도 하지만 말이야.

하하, 그렇지? 마지막으로 **수수료**를 받아서 수익을 얻을 수도 있어. 특히 쇼핑 앱이 이런 방식을 많이 택하는데, 우리가 흔히 알고 있는 쿠팡, 배달의 민족, 요기요 등 많은 앱들은 상인에게 판매 공간을 제공하고 이 앱에서 거래되는 상품으로부터 수수료를 받는 형태야. 네이버 스마트스토어의 경우에도 오픈마켓에 상인들이 자유롭게 그들의 물건을 올려서 판매할 수 있지만, 그렇게 거래된 상품 금액에서 네이버가 일정 부분을 수수료로 받아 수익을 창출하고 있지.

130년의 역사를 이끌어 온 힘, 닌텐도의 경영 방침

130년의 역사를 자랑하는 거대 게임기 기업, 닌텐도

닌텐도는 만들어진 지 130년이 넘어가는 역사가 깊은 회사입니다. 처음부터 비디오 게임을 만들던 회사는 아니었고 화투를 제조하던 회사였습니다. 닌텐도는 1889년 9월에 일본에서 닌텐도 고파이라는 가게로 시작해 당시 화투를 제조하던 산업계에서 엄청난 혁신을 이끌게 됩니다. 지금은 플라스틱 카드로 만들어진 화투를 쉽게 볼 수 있지만, 130년 전에는 이 플라스틱 제조가 되지 않았습니다. 그때는 종이로 만든 화투가 일본 대부분에서 유통되고 있었고, 닌텐도 고파이는 기존에 나와 있는 화투와 차별화하고자 한 가지 아이디어를 생각하게 됩니다. 바로 종이에 석회 가루를 섞어 반죽하는 것이었습니다. 반죽을 말린 후에 그림을 그려 넣는 식으로 만들어진 화투는 다른 화투와 비교해 무게감이 있고 탄탄함을 유지할 수 있었습니다.

그림 5-29 화투 회사로 시작된 닌텐도

이렇게 시작된 닌텐도는 이후 많은 시도를 하면서 어려움을 겪다가 휴대용 게임기로 다시 성장 가도에 오릅니다. 1970년대까지도 아직 휴대용 게임기가 나오지 않았는데, 1980년도에 닌텐도에서 드디어 '게임&워치'를 출시합니다. 우리가 알고 있는 게임보이, 닌텐도 DS, 3DS 같은 휴대용 게임기의 시초가 바로 '게임&워치'입니다.

'게임&워치'를 만든 사람은 요코이 군페이로, 그가 '게임&워치'를 제작하게 된 계기에 한 일화가 있습니다. 요코이 군페이가 다른 회사로 출장을 갔을 때 샤프전자 회사 사람들이 회사에 들어가기 전에 밥을 먹고 무엇인가를 즐기고 있었는데, 그것은 탁상용 전자계산기를 이용한 게임이었습니다. 화면에 표시된 숫자대로 버튼을 빠르게 누르는 게임에 빠져든 사람들의 모습을 보며 요코이 군페이는 휴대용 게임기를 만들면 성공할 수 있을 것이라 확신했습니다. 회사로 돌아간 뒤 그는 이 아이디어를 피력했지만 회사는 받아들이지 않았습니다. 이에 요코이 군페이는 사장님의 운전기사로 자청한 후 사장님에게 자신이 고안한 게임기를 계속 설명했습니다. 이후 사장님이 아이디어를 받아들여 전격적으로 사업을 추진하고, 결국 이 휴대용 게임기 사업은 성공을 일으키게 됩니다. 이 닌텐도의 십자키, 즉 방향키는 닌텐도의 상징이 되었고, 이 게임기를 통해 판매 호조를 입은 닌텐도는 그동안의 모든 빚을 갚고 현금이 쌓이는 우량한 기업으로 재탄생했습니다.

그림 5-30 닌텐도 게임보이의 아버지, 요코이 군페이

이후 〈동키콩〉, 〈철권〉, 〈슈퍼마리오〉, 〈포켓몬스터〉 등과 같은 대표적인 게임 콘텐츠를 바탕으로 게임을 즐길 수 있는 하드웨어까지 개발하여 많은 성공을 이뤄냈고, 비디오 게임, 휴대용 게임기의 대명사로 자리 잡았습니다.

닌텐도 게임보이, 요코이 군페이
©https://www.youtube.com/watch?v=gOTcGYgC4a0

닌텐도의 기업 철학과 경영 방침에서 나타나는 애플과의 공통점과 차이점

닌텐도는 특유의 기업 철학을 가지고 있고, 3장에서 설명한 애플과 비슷한 사업 구조를 띠고 있습니다. 예를 들어, 하드웨어와 소프트웨어를 전부 만든다는 것, 소프트웨어로 돈을 벌고 하드웨어로 돈을 번다는 것(생태계 조성), 새로운 제품을 내놓을 때마다 혁신 기술이 탑재된다는 것, 자신들의 서드파티 회사를 거느리고 있다는 것, 폐쇄 정책 때문에 해킹이 되기도 한다는 것, 애플의 아이폰이 탈옥이 되는 것이나 닌텐도 DS가 탈옥되어서 해킹된 게임 롬팩이 인터넷에서 유통되기도 했다는 것, 은행 빚이 한 푼도 없고 엄청난 현금 보유 저장소가 있다는 것, 마지막으로 폐쇄적인 정책 때문에 망할 뻔한 경험이 있다는 것이 이 두 회사의 공통적인 요소라고 볼 수 있습니다.

닌텐도의 130년 역사를 이끌어 온 원동력은 이들만의 독특한 경영 방침에 있고 여기서도 애플과의 약간의 공통점과 차이점을 엿볼 수 있습니다. 그들의 첫 번째 철학은 '최대한 단순하게 기본으로 돌아가는 것'인데, 이는 잡스가 애플 제품의 단순함을 강조한 것과 일맥상통한다고 할 수 있습니다. 닌텐도는 최선을 다한 후 성공과 실패는 하늘의 운에 맡기고 실패한 것에 대해서는 절대 후회하거나 뒤돌아보지 않고 전진하라고 강조합니다. 나아가 콘텐츠에서 스토리와 캐릭터의 절묘한 조화를 강조하는데, 이와 마찬가지로 스티브 잡스의 애플 역시 기술과 인문학의 융합을 지속적으로 추구했습니다.

기본에 충실하면서 경험의 폭을 확장한 닌텐도의 혁신 방식, 그리고 스마트폰이 만족시켜 주지 못한 영역에서의 게임기의 유효함, 반복적인 게임 구조를 벗어난 캐릭터의 개발 등 또한 닌텐도의 강력한 저력을 보여 줍니다. 그리고 오랜 역사를 가진 자사 보유 브랜드의 가치 역시 닌텐도의 성장에 도움이 되었습니다. 궁극적으로 게임기 생태계를 조성한 닌텐도는 이 생태계를 건강하게 유지하고 발전시킬 수 있는 역량을 발휘하는 것에서 새로운 시사점을 찾게 됩니다.

그림 5-31 닌텐도 게임보이의 역사

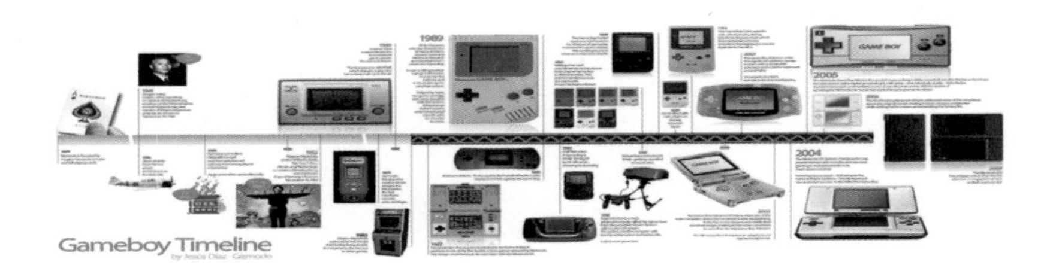

닌텐도와 포켓몬, 그리고 포켓몬의 성공

앞서 이야기한 것과 같이 닌텐도 게임보이의 성공을 이끌었던 게임은 바로 1996년 출시된 〈포켓몬스터Pokemon〉입니다. 이 게임은 플레이어가 게임 내부를 돌아다니며 포켓몬을 수집하고 체육관을 돌아다니며 관장들과 대결을 하는 형식의 게임입니다. 초기에는 게임이 흑백과 컬러 두 버전으로 출시되었는데, 그 당시 컬러 버전이 3천 엔(약 3만 원)이었습니다. 그 당시로서는 매우 비싼 가격이었는데도 참신한 스토리로 큰 인기를 끌며 높은 판매고를 올렸습니다. 이후 게임을 바탕으로 한 애니메이션이 만들어졌고, 엄청난 흥행과 더불어 북미 시장에서는 아이들이 애니메이션에 과도하게 중독되는 현상도 발생해 방송을 금지하기도 했습니다.

〈포켓몬스터〉는 게임보이뿐 아니라 증강현실 게임의 판매에도 크게 일조했는데, 이는 앞에서도 설명한 AR 게임의 대표 격이라고 할 수 있는 〈포켓몬고〉입니다. 2016년 발매된 〈포켓몬고〉는 게임을 즐기는 사람의 실제 위치에 따라 포켓몬이 나타나고 유저가 게임의 주인공이 되어 포켓몬을 수집하는 게임으로, 전 세계적으로 7억 건 이상의 다운로드 수를 기록했습니다. 특정 위치에 희귀한 포켓몬이 출몰하거나 체육관에서 대결할 수 있는 등의 재미 요소로 포켓몬 팬들과 이용자들의 마음을 사로잡은 〈포켓몬고〉는 닌텐도가 스마트폰 게임에도 강점을 가지고 있다는 사실을 보여 주는 사례라고 할 수 있습니다.

그림 5-32 닌텐도의 성장을 이끈 〈포켓몬고〉

그리고 포켓몬을 이야기할 때 빼놓을 수 없는 것은 최근 큰 열풍을 몰고 온 '포켓몬 빵'과 '스티커(띠부띠부씰)', '포켓몬 김'입니다. 8개 종류의 빵 안에 담긴 포켓몬 캐릭터 스티커를 얻기 위해 사람들은 편의점에 줄을 서기도 했고 심지어 빵이 편의점에 들어오는 시간을 기다려 구매하는 경우도 빈번했습니다. 결국 빵을 만든 회사인 'SPC 삼립'은 수량이 부족해져 편의점에서 판매할 수 있는 양을 제한하기도 했습니다. 2022년 2월에 재출시된 이후 40일 만에 약 1,000만 개의 빵이 판매되었고, 2022년 8월까지 총 판매된 빵은 약 8,000만 개 이상이라고 합니다. 게다가 빵에서 나오는 희귀한 캐릭터의 스티커는 빵의 가격보다 더 높은 가격으로 판매되기도 했습니다. 또 빵뿐만 아니라 포켓몬 김도 포켓몬 빵의 열풍에 힘입어 엄청난 인기를 끌었습니다. 이 김에는 스티커 대신 각도에 따라 이미지가 바뀌는 독특한 칩이 들어 있는데, 빵을 쉽게 구하지 못하는 사람들이 이 김을 구하기 위해 엄청난 노력을 했습니다. 결국 빵이 부족해지는 사태와 같이 김도 최근 편의점에서 구매하기 어렵게 되었고, 판매량을 따라가지 못해 편의점은 일주일에 3일, 그리고 한 사람당 2개만 구매할 수 있도록 제한했습니다.

그림 5-33 포켓몬 열풍, 포켓몬 빵과 포켓몬 김

최근 포켓몬의 이름이 붙은 상품들은 대부분 엄청난 인기를 끌고 있고 많은 사람이 즐길 수 있는 문화 상품이 되고 있습니다. 이러한 포켓몬 상품의 성공은 오늘날 콘텐츠가 지닌 저력을 보여 주는 대표적인 사례로 들 수 있습니다.

CHAPTER

06 유튜브, 넷플릭스를 시청하는 스마트 TV

〈6장. 유튜브, 넷플릭스를 시청하는 스마트 TV〉는 전기신호부터 시작된 TV의 역사, 그리고 오늘날 스마트 TV와 OTT 서비스 시장의 성장을 이야기합니다. 이 장의 마지막 읽을거리에서는 Windows 운영체제를 개발한 '마이크로소프트'의 창업자인 빌 게이츠의 철학을 이해하고 그들의 조직문화를 살펴볼 수 있습니다.

자세히 살펴보기

- TV에 적용된 다양한 과학 기술을 이해하고 국내외 TV 변천사를 살펴봅니다.
- 애플 TV와 구글 TV 등 다양한 스마트 TV를 살펴보며 오늘날 스마트 TV 경쟁 상황과 OTT 시장의 성장을 확인합니다.
- [읽을거리] Windows를 개발한 마이크로소프트의 창업자인 빌 게이츠의 철학과 그들의 조직문화, 다양한 분야로 확장하고 있는 마이크로소프트의 현황을 살펴봅니다.

핵심 키워드

#국내외TV #스마트TV #OTT #마이크로소프트 #빌게이츠 #넷플릭스-마이크로소프트

Section 01

우리 집 거실에 있는 TV의 역사

1.1 전기가 영상이 되는 신비한 과학 기술

우짱, 너는 유튜브 영상이나 넷플릭스 영화를 볼 때 주로 어떤 기기를 사용해 시청하니?

스마트폰이나 태블릿으로 보지. 그런데 큰 화면으로 보고 싶을 때는 TV로 봐.

그렇다면 TV가 아주 익숙하겠구나. 혹시 TV의 뜻을 알고 있니?

당연하지, TV는 텔레비전Television이잖아. 그리고 텔레비전은…. 텔레비전이 뭐지?

텔레비전은 정지하거나 움직이는 사물을 전기의 힘을 이용해 시간 지연 없이 멀리 보내는 장치나 방법을 의미해. 어원을 말하자면, 그리스어로 '멀리 떨어진'을 뜻하는 tele와 '본다'를 뜻하는 라틴어 vision이 합쳐진 단어가 바로 텔레비전이야.

우짱

그러니까 텔레비전은 '멀리 떨어진 걸 볼 수 있게 해주는 장치'인 거구나. 그런데 우리가 보는 영상이 전기로 전달된다는 게 무슨 뜻이야?

닥터봇

작동 방식을 간단히 얘기하자면 영상을 전기신호로 바꿔서 보내고, 전달받은 전기신호를 다시 영상으로 만드는 거야. 전기신호에 따라 빛을 쏘면 영상이 되고, 또 그 반대로 작용하는 식이지. 무슨 말인지 알겠니?

우짱

전기신호를 통해 주고받는다는 건 알겠는데 그게 어떻게 가능한 거야?

닥터봇

TV의 작동 방식이 정말로 궁금한가 보구나. 그렇다면 네가 이해하기 쉽게 텔레비전의 역사가 태동하기 전 근간이 된 기술에 대해 알려 줄게. 혹시 알렉산더 베인Alexander Bain과 파울 닙코Paul Nipkow라는 사람에 대해 들어 본 적 있니?

우짱

아니, 처음 듣는 이름이야. 그 사람들이 누군데?

닥터봇

알렉산더 베인은 팩스를 최초로 개발한 사람이고, 파울 닙코는 주사판을 발명한 사람이야.

우짱

오, 팩스가 TV랑 무슨 관계가 있어? 궁금하다. 어떤 이야기인지 좀 더 자세히 알려 줘.

1843년 영국의 전기학자 알렉산더 베인은 영상을 전기신호로 바꿔서 전송하는 기술을 발표했어. 이때의 영상은 우리가 흔히 아는 움직이는 이미지가 아니라 정지된 이미지였다고 해. 이후 이 기술은 사진, 그림, 문서 등을 전기적 신호로 바꾸어 다른 곳으로 전송하는 '팩시밀리' 기술 개발의 뿌리가 되었고, 나아가 텔레비전 개발에도 어느 정도 영향을 미친 것으로 평가되고 있어.

다만, 전기신호를 전달할 수는 있어도 이것을 다시 변환해 움직이는 영상을 표현하는 것은 정말 어려운 일이었지.

그림 6-1 알렉산더 베인과 팩스의 시초

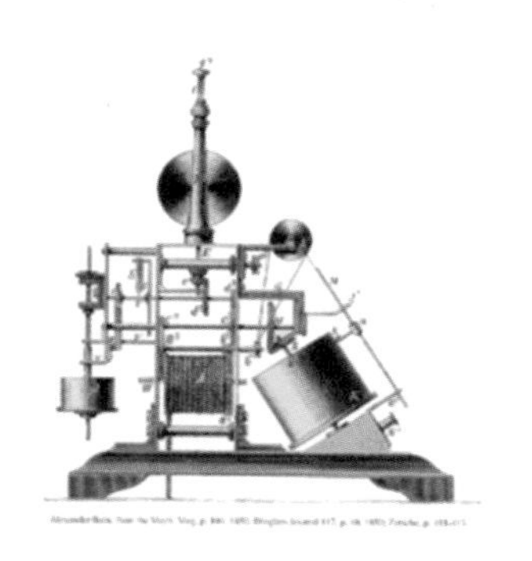

그런데 1884년, 독일의 발명가 파울 닙코가 전기신호를 움직이는 영상으로 변환시켜서 표시할 수 있는 기계 장치인 주사판을 발명했어. 일명 '닙코 디스크'라고 불리는 이 장치는 소용돌이 모양으로 24개의 구멍이 뚫려 있는 거대한 원판을 회전시키면서 작동해. 원판에 전기신호가 지나가면 해당 전기신호에 따라 밝기가 달라지는 빛이 발사되는데, 이 빛이 회전하고 있는 원판의 구멍들을 통과

하면서 영상이 마치 움직이는 것처럼 나타나는 원리라고 해. 이를 역이용하면 움직이는 영상을 전기신호로 바꾸는 것도 가능했지.

그림 6-2 파울 닙코의 주사판

우짱

TV에 이렇게 엄청난 기술이 숨겨져 있었구나. 그런데 닙코의 주사판은 너무 크고 작동시키기도 어려워 보여.

닥터봇

맞아. 그래서 닙코의 주사판을 보완하기 위한 연구가 이루어졌고, 1897년에 텔레비전 기술 중 가장 핵심적인 기술이 개발되었어.

1897년, 독일의 물리학자 카를 페르디난트 브라운Karl Ferdinand Braun이 음극선관CRT을 이용해 '브라운관'을 개발하며 주사판 없이도 움직이는 영상을 표시할 수 있는 전자식 텔레비전을 만들었지. 브라운관은 전자총에서 음극 전자를 발사시켜 형광물질이 칠해진 유리면을 때려 빛을 내는 원리야. 닙코의 주사판과 다르게 부품이 고정되어 있고 한층 높은 화질을 구현할 수 있다는 장점이 있었지.

그림 6-3 브라운관 개발

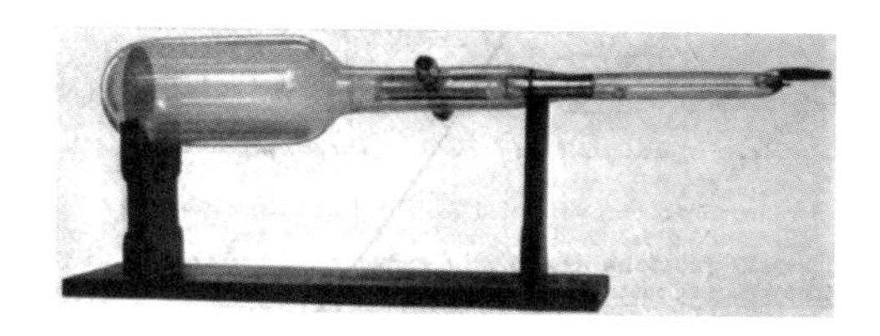

이어서 1925년, 세계 최초로 기계식 텔레비전이 개발되었어. 스코틀랜드의 엔지니어인 존 로지 베어드John Logie Baird는 개량된 주사판을 이용해 촬상 장치(빛을 전기신호로 변환하는 장치)를 만들어 냈어. 이와 더불어 수상 장치(화면에 표시하는 장치)를 개발하는데, 이 두 장치가 합쳐져 기계식 텔레비전이 탄생한 거야.

1929년에는 영국의 BBC 방송사에서 기계식 텔레비전 시험 방송이 송출되며 본격적인 텔레비전의 시대가 열렸어. 다만 기계식 텔레비전은 시청 중에 주사판을 계속 돌려야 하고 흑백에 화질도 낮아 널리 보급되진 않았지.

그림 6-4 최초의 기계식 텔레비전 시험 방송

우짱

그러면 우리가 흔히 아는 TV가 개발된 건 언제야?

닥터봇

사실 본격적으로 '텔레비전'이라 할 수 있는 제품은 1927년 미국의 필로 판즈워스Philo Taylor Farnsworth가 만든 전자식 브라운관 텔레비전이야.

그림 6-5 전자식 브라운관 텔레비전 개발

필로 판즈워스는 완전한 전자식 텔레비전의 최초 발명자로, 촬상과 수상 과정이 모두 전자식으로 이루어지는 브라운관 텔레비전을 발표했어. 이 텔레비전은 이후 등장하는 모든 텔레비전의 초석이 되었고, 1936년 영국의 BBC에서 전자식 텔레비전 방송을 시작하면서 기계식 텔레비전은 역사 속으로 사라졌지.

우짱

잠깐, 나 한 가지 궁금한 점이 있어. 알렉산더 베인부터 방금 전 필로 판즈워스까지 설명할 때 흑백으로 된 사진만 보여 줬는데 혹시 특별한 이유가 있는 거야?

눈썰미가 정말 좋구나. 방금까지 흑백 사진을 보여 준 건 컬러 텔레비전의 등장을 부각시키기 위한 일종의 계략으로….

네 말은 필로 판즈워스의 전자식 텔레비전이 흑백이었다는 거야? 그러면 컬러 TV는 누가, 언제 개발했어?

혹시 세계 최초로 기계식 텔레비전을 만든 사람이 누구였는지 기억하니?

응, 존 로지 베어드가 처음으로 기계식 텔레비전을 만들었다며. 그 사람은 왜?

바로 그가 1928년에 세계 최초로 컬러 영상을 시연한 사람이야. 처음에는 기계식 텔레비전으로 컬러 방송을 송출했고, 그런 다음 브라운관과 다른 기계식 장치인 '텔레바이저' 시스템을 결합해 새로운 컬러 텔레비전을 만들었다고 해. 텔레바이저는 빛의 삼원색을 의미하는 RGB[Red, Green, Blue]를 이용해 3개의 닙코 디스크를 조합한 컬러 영상을 송출했지.

빛의 삼원색! 과학 시간에 배웠어. 빨강, 초록, 파랑 색깔의 빛을 섞으면 거의 모든 색을 만들어 낼 수 있다며? 그럼 그 텔레비전도 굉장히 다양한 색을 나타낼 수 있었겠구나. 이런 컬러 TV가 본격적으로 상용화된 시기는 언제야?

1953년에 이르러 미국의 RCA에서 컬러 브라운관을 상용화하고 그다음 해 시장에 출시했어. 그리고 같은 시기에 미국의 NBC나

CBS 방송사가 전자식 컬러 텔레비전 방송을 시작하면서 본격적인 전자식 컬러 텔레비전의 시대가 시작되었지.

그림 6-6 컬러 브라운관 상용화

컬러 텔레비전 역사에서 중요한 점을 짚자면 어떤 것들이 있을까?

우선 1902년 독일의 O. von 브롱크가 빨간색, 초록색, 파란색 조합으로 색을 표현하는 '삼원색 신호 전달 방법'을 알아낸 것이 중요한 발견이었지. 그리고 1954년 미국에서 NTSC 방식으로 컬러 방송을 시작했다는 점, 1967년 영국과 독일에서는 PAL 방식으로, 같은 해 프랑스에서는 SECAM 방식으로 컬러 방송을 시작했다는 점을 컬러 텔레비전 역사의 분기점으로 짚을 수 있어.

NTSC, PAL, SECAM 방식이 뭐야?

쉽게 말하자면 국가마다 TV로 컬러를 송출하는 방식이 달랐다고 보면 돼.

- **NTSC**: 미국의 텔레비전방송규격심의회에서 제정한 표준 방식.
- **PAL**: 아날로그 컬러 텔레비전 방식.
- **SECAM**: 프랑스에서 개발한 컬러 텔레비전 방식.

우짱

아하, 그렇구나. 그럼 우리나라는 컬러 방송을 송출할 때 어떤 방식을 사용하고 있어?

닥터봇

우리나라는 NTSC 방식을 사용하고 있어. 우리나라뿐만이 아니라 지금은 대부분의 국가에서 NTSC 방식을 채택하고 있지. 사실 초기의 컬러 TV는 사람들이 영상을 시청할 때 TV에 표현되는 색들이 너무 번뜩거려서 눈이 불편하다는 단점이 있었는데, NTSC 방식은 화면이 매우 빠르게 바뀌어서 인간의 눈이 느끼기에 번뜩임이 적다는 점이 장점으로 작용했다고 해.

1.2 해외 TV 변천사

우짱

내가 지금 편하게 보는 TV에 정말 많은 기술이 담겨 있었구나. 그런데 네가 앞에서 보여 준 옛날 TV들은 지금 내가 알고 있는 TV와는 외관이 꽤 많이 다른 것 같아. TV의 모습이 어떻게 발전했는지도 알려 줄 수 있을까?

닥터봇

그럼, 물론이지. TV가 개발된 후 다양한 디자인과 기능이 담긴 제품이 꾸준히 출시되고 있어. 먼저 1928년도에 만들어진 베이어드 모델 B[Baird Model B]나 지디스크[GEDisk]는 우리가 흔히 알고 있는 TV 외형과 차이가 큰 편이야.

그림 6-7 베이어드 모델 B, 지디스크

베이어드 모델 B

지디스크

이후 1929년에 출시된 세미바이저Semivisior도 영사기 형태로, 가운데에 있는 볼록한 렌즈가 빛을 확대시켜 화면을 보여 주는 방식이었어. 그리고 1939년에 출시된 안드레아Andrea는 멀티박스 형식으로, 축음기와 브라운관이 함께 장착되었지. 지금의 세탁기 정도 크기였으며 브라운관은 본체에 장착되어 있고 화면을 보려면 뚜껑 안쪽에 달린 거울을 이용해야 했대.

우짱

TV보다는 서랍장처럼 보여. 크기도 엄청나게 컸던 것 같고 말이야.

닥터봇

그렇지? 그래도 시간이 지나면서 1947년 미국에서는 10인치 초소형 TV 모델도 출시되었어. 그리고 1948년, 제니스Zenith라는 컬러 TV가 출시되었는데 본체에 비해 컬러 화면은 작은 편이었지. 또한 1949년 프랑스에서 만든 소노라-WSonora-W는 그 당시에 세련된 디자인을 보인 제품이었어.

그림 6-8 제니스 TV, 소노라-W

제니스 TV

소노라-W

그리고 시간이 조금 더 지나 1952년에는 모토로라에서 TV를 출시했어. 아래 그림처럼 이 TV에는 지상파를 수신하는 안테나가 달려 있는데 그 당시에는 이렇게 안테나로 전파를 수신받아야 영상을 볼 수 있었어.

그림 6-9 모토로라 TV 광고

참고로 당시에는 안테나가 중요했기 때문에 우리나라에서도 TV 안테나가 집 지붕 위에 설치되어 있었고, 신호를 받기 위해 송출소가 있는 남산 쪽으로 안테나 방향을 두곤 했지.

안테나가 달린 라디오는 본 적 있는데 안테나가 달린 TV는 처음 봐. 이 TV에 달린 안테나가 요즘 TV 옆에 있는 셋톱박스와 비슷한 역할을 하는 거야?

음, 쉽게 말하면 요즘에는 기존의 아날로그 전기신호가 디지털 전기신호로 변환된다고 보면 돼. 아날로그 신호는 저장이나 조작이 디지털 신호보다 어렵기 때문에 이 문제를 해결하기 위해서 디지털 신호로 변환을 시도했지. 특히 디지털 신호로 변환했을 때는 아날로그 신호를 수신했을 때 생기는 잡음을 줄일 수 있다는 장점이 있어.

아하, 그렇구나. 모토로라 TV 이후로는 어떤 형태의 TV가 출시되었어?

1957년 이탈리아에서 만든 포놀라[Phonola]나 1958년 브라질에서 만든 필코 프레딕타[Philco Predicta], 1960년에 만들어진 쿠바 코멧[Kuba Komet] 등 점점 세련된 디자인의 모델이 출시되었어. 이는 TV가 단순 가전제품을 넘어 가구 같은 인테리어 요소로서 작용할 수 있음을 보여 주었지.

그림 6-10 포놀라, 쿠바 코멧

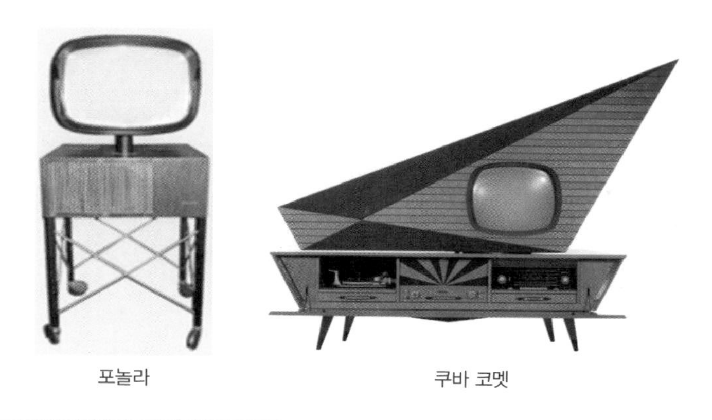

포놀라 쿠바 코멧

우짱

가전과 가구의 결합이라니, 요즘 인기 있는 LG의 오브제 컬렉션이 떠오르는 대목이야. 감각적인 디자인이 아주 멋진걸.

닥터봇

그래, 물론 포놀라나 쿠바 코멧이 요즘 TV와 외형은 많이 다르지만 감각적인 디자인이 적용된 모델이라는 건 딱 보니 알겠지?

이후 1970년대에 들어서면 동그란 곡선 모델이 많이 등장해. 1970년에 영국에서 만들어진 케라컬러오렌지Kera Color Orange나 1971년에 만들어진 판다Panda 등이 있어. 보통 디자인에 자신이 없다면 동그란 디자인을 쓴다는 말이 있는데 그만큼 제품이 오래 살아남을 수 있는 디자인이기도 하지. 1980년에 나온 마그나복스Magnavox 4245 모델은 전 세계적으로 빅히트를 친 박스형이야. 우리나라에서 처음 생산된 TV도 이런 형태로 만들어졌지.

그림 6-11 케라컬러오렌지, 마그나복스

케라컬러오렌지

마그나복스

우짱

이때까지도 나한테는 낯선 TV들뿐이네. 요즘 TV 같은 형태가 등장한 건 언제부터야?

닥터봇

우리에게 익숙한 평판 디스플레이가 접목되기 시작한 건 2000년대에 들어서면서부터야. 그 이후로 우리 주변에서 흔히 볼 수 있는 얇고 화면이 큰 TV가 만들어졌고, TV를 더 크고 얇게 만들기 위한 노력은 계속되었지. 요즘은 곡선이 들어간 커브드 형태의 TV들도 인기가 많다고 해.

그림 6-12 평판 디스플레이 TV

우짱

정말 신기하다. 그러면 TV가 발전하면서 디스플레이 화면이라든지 영상을 보여 주는 방법도 달라졌을 거라는 생각이 들어.

닥터봇

정확해. TV 외형 변화를 쭉 살펴보면서 화면의 비중이 점점 커지고 흑백에서 컬러로 넘어왔다는 것을 알 수 있었지? 컬러 화면 기술은 계속 발전했어. CRT 형태에서 PDP 형태로, 그리고 이후 LCD 형태로 발전했지. LCD 다음에는 자체 발광이 가능한 LED TV가 만들어졌는데, 이 LED TV를 기반으로 오늘날에는 OLED나 UHD 형태의 TV가 생산되고 있어.

- **CRT**: 음극선관을 활용한 디스플레이 방식. 전자빔이 앞면 유리에 도포된 형광물질과 충돌하여 빛을 내며, 이는 브라운관 텔레비전과 동일한 동작 방식임.
- **PDP**: 촘촘히 박혀 있는 조그마한 가스 튜브에 전기가 통하면 빛을 내는 원리. 각각의 픽셀들이 빛을 내는 원리는 형광등 발광 원리와 유사함.
- **LCD**: 화면 뒤에 형광등 같은 백라이트가 존재함. 시간이 지날수록 백라이트가 흐려져 화면도 같이 흐려진다는 단점이 있으며 수리 비용도 상당히 비쌈.
- **LED**: 전류를 가하면 빛을 발하는 반도체 소자를 활용한 TV. 에너지 효율이 높고 전력 소모가 적어 친환경 기술로 평가받고 있음.
- **OLED**: 기존 CRT, LCD, LED와 달리 발광 소자로 OLED를 사용하여 구동하는 텔레비전. 명암비가 뛰어나며 전력 효율이 높고 가볍다는 장점을 지님.
- **UHD**: 초고선명도, 초고해상도라고 부르는 해상도 규격의 명칭.

우짱

OLED와 UHD는 나도 많이 들어 봤어. 그동안 고화질 영상을 볼 때 별 생각이 없었는데, 오늘날 이렇게 선명한 영상을 볼 수 있는 게 다 기술이 발전한 덕분이었구나. 이렇게 사람들의 생활에 깊숙이 파고든 기술을 연구·개발하는 사람들은 정말 멋진 것 같아.

1.3 광고를 통해 알아보는 국내 TV 변천사

우짱

닥터봇, 우리나라에서 TV가 만들어진 건 언제부터야? 설날에 어른들 얘기 듣다가 알게 된 건데, 우리 할아버지랑 할머니 어렸을 적에는 동네에 TV가 한 대밖에 없었대. 이게 말이 돼?

닥터봇

우리나라는 1960년대까지만 해도 텔레비전을 만들 수 있는 기술이 없었어.

우리나라에서 처음으로 만든 TV는 1966년 8월에 출시된 VD-191 모델이야. LG전자의 모태 회사인 '금성'이 만든 이 모델은 1호 제품이라는 뜻에서 VD-191이라 명명되었어. 19인치 크기, 진공관 12개와 다이오드 5개가 결합된 형태, 그리고 흑백 화면에 4개의 다리가 달린 가정용 제품이었지. 그 당시에는 자체 제조 기술이 아직 없었기 때문에 일본에서 기술을 그대로 들여와 OEM 방식으로 제조했어.

이 모델이 처음 출시되었을 때 KBS에서 공개 추첨을 해 월 할부로 제공하는 등 공급이 수요를 따르지 못할 정도로 인기가 많았다고 해. 무주택자에게 아파트 공급 우선권 추첨을 하듯 TV가 없는 사람에게 우선 공급하기 위해 증명서를 발급하는 등 수요가 폭발적이었어. 하지만 수요가 폭발적이었다고 해서 가격이 저렴한 건 아니었지. 당시 VD-191의 가격은 68,350원이었는데, LG전자 신입사원 월급이 당시 12,000원이었고 쌀 한 가마니가 2,500원이었던 것을 감안하면 상당한 금액이었어.

그림 6-13 한국 최초의 TV인 VD-191

금액이 상당했는데도 다들 사고 싶어 했던 거구나.

그래, 맞아. 그리고 그 후 1970년에는 금성의 VS-620 모델이 출시되는데, 이 모델은 '샛별 텔레비전'이라고 불리며 큰 인기를 얻었어. 참고로 이 '샛별'이라는 모델 이름은 금성에서 주최한 국민 공고에서 뽑힌 이름이야. 총 50만 통의 응모가 들어왔고 그중 7,200 통에 '샛별'이라는 이름을 적혀 있었다고 해.

우와, 50만 통의 응모라니…. 인기가 대단했구나.

제품뿐만 아니라 샛별 텔레비전의 광고도 당시에 아주 큰 화제를 일으켰어. 당시 어린이들의 선망의 대상이었던 로봇이 광고에 등장하고 국민배우 최불암이 광고 모델로 출연하기도 했거든. 그리고 샛별 텔레비전이 출시된 시기에 EBS 교육방송이 개국하면서 이와 관련된 광고가 나가기도 했어. 교육방송을 시청

하다 눈이 피로할까 봐 그린과 블랙 브라운관을 채택했다는 내용이었지. 이 외에도 신문이나 지면에 광고를 싣는 등 대대적으로 홍보했다고 해.

그림 6-14 금성의 샛별 텔레비전 광고

그 당시 우리나라에서는 금성, 그러니까 LG전자가 선두 기업이었던 거구나. 그럼 삼성전자는 어땠어?

삼성전자는 조금 늦은 1975년에 이코노 TV를 출시했어. 하지만 순식간에 국내 TV 시장 판매율 1위로 올라섰지. 이코노 TV는 세계에서 세 번째로 '순간 수상 방식'이 적용된 제품이야. 그 시절 TV는 브라운관이 달궈져야 방송을 볼 수 있어서 전원을 켜고 보통 3분 이상을 기다려야 했는데, 삼성은 전원을 켜면 5초 안에 화면이 나오는 기술을 개발해 적용한 것이지. 이는 당시 오일쇼크로 시작된 에너지 절약 운동과 맞물려 큰 호응을 얻었어.

그림 6-15 삼성전자 이코노 TV

그때 삼성전자에서 만든 광고에서도 '예열이 불필요하고, 절전이 20%나 되며, 브라운관 수명이 길고 화면이 안정적이다.'라는 식으로 경제성을 강조했어. 그렇게 소비자의 필요와 요구를 만족시킨 이코노 TV의 매출은 계속해서 상승했고 이후 해외로 수출되기까지 했다고 해.

우짱

LG와 삼성이 그런 역사를 거쳤구나. TV가 지금처럼 우리 생활에 들어오게 된 건 언제부터야?

닥터봇

TV가 본격적인 생활필수품으로 자리 잡게 된 건 1980년대에 들어서면서부터야. 1983년부터 우리나라에서도 컬러 방송이 시작되자 TV 생산 관련 산업에서 혁명적인 발전이 일어났지. 금성은 '하이테크'라는 브랜드로 TV를 만들었고, "순간의 선택이 10년을 좌우합니다."라는 광고 문구와 함께 금성 TV를 혼수품으로 장만해

가면 10년 이상 쓸 수 있을 만큼 튼튼하다는 점을 강조했어. TV는 굉장히 비싸기 때문에 좋은 것으로 한번 사서 오래 쓴다는 당시의 사회적 분위기가 담겨 있다고 할 수 있지.

그림 6-16 금성 TV 광고

VTR Video-Tape Recorder이라는 녹화 장치도 이때 출시되어 큰 인기를 얻었어. 공중파, 지상파에서 보내주는 TV 방송은 실시간이라 본방송이 아니면 따로 볼 수 있는 방법이 없었던 시절이라 VTR로 녹화해 두었다가 나중에 보는 식으로 활용되었어. TV와 함께 부가 장치도 새로운 문화로 자리 잡는 모습을 볼 수 있지.

그리고 그 시기에 삼성전자에서는 금성에 대항해 '이코노 빅'을 출시했어. 이코노 시리즈는 꾸준히 소비 전력 절감을 광고 문구로 내세웠고, 수출량이 크게 늘어 삼성전자는 세계 각 지역에 현지 공장을 만들었어. 이후 여러 모델이 계속 개발 및 출시되면서 삼성전자는 금성을 완전히 추월하고 세계로 뻗어나갈 수 있는 자리를 선점하게 되었지.

그림 6-17 삼성전자의 '이코노 빅 TV' 해외 수출

우짱

방금 네가 말한 1980년대의 TV 보급화로 인해 그 이후로 우리 사회에 큰 변화가 일어나지 않았을까 싶어.

닥터봇

정확한 예측이야. 1990년대에는 비디오와 리모컨을 사용하는 TV가 급속도로 확산되었고, 이때 개인이 영상을 촬영하고 즐기는 문화가 퍼졌어. 그리고 우리 눈으로 보는 듯한 자연스러운 영상이 TV에서 재생됨을 강조하는 광고들이 등장했지.

예를 들어, 금성에서 내보낸 '미라클 알파 TV' 광고는 '이 제품은 튼튼하며 자연적인 영상과 사운드를 구현할 수 있고 디자인도 센스 있다'라고 강조했어. 삼성전자에서도 VTR을 꾸준히 개발해 광고를 내보냈는데, 거기에서는 자연미 있는 영상, 스포츠 영상 등을 그대로 녹화하고 돌려볼 수 있는 조우셔틀 기능을 강조했지.

그림 6-18 금성의 미라클 알파 TV 광고

우짱

2000년대에 들어서서는 TV의 디자인이나 기능이 더 발달했겠지?

닥터봇

응, 특히 2002년 한일 월드컵을 전후로 디지털 TV가 크게 성장했고 이후 PDP, LCD, LED 같은 고급 TV가 출시되었어.

그리고 2016년에 삼성이 브라운관 생산을 전면 중단하고 평판 디스플레이로 제조라인을 바꿨는데, 이로 인해 브라운관의 특징인 볼록한 화면이 사라지고 평평한 화면이 기본으로 자리 잡게 되었어.

TV 개발 역사를 다룬 2008년의 한 다큐멘터리에서는 2008 북경올림픽 야구 경기의 극적인 역전승 장면에 빗대, 한국 TV 산업의 역사는 하나의 대역전극이었다고 반추하기도 했어.

우짱

우리나라의 TV 산업은 늦게 시작된 편이었지만 빠르게 성장했구나.

닥터봇

맞아, 한국 TV 산업은 출발이 아주 늦은 편이었지. 1920년대에 영국, 미국에서 TV가 만들어지고 일본도 1950년대에 TV를 생산하기 시작했던 것에 비하면 말이야. 앞에서도 이야기했지만, 1960

년대까지도 자체 제조 기술이 없었던 금성은 VD-191을 만들기 위해 일본 기업인 치다치에 로열티를 내고 합작품으로 제작해야 했었지.

2005년까지만 하더라도 일본의 소니Sony나 도시바Toshiba, 파나소닉Panasonic이 세계 TV 시장 1, 2, 3위를 차지하고 있었어. 그런데 그로부터 3년이 지난 2008년, 우리나라에서 만든 TV가 세계 시장 1위에 오르며 점유율 31%를 차지하기에 이르렀지. 그리고 이후 2009년에는 삼성전자와 LG전자가 세계 TV 시장 1, 2위를 차지하는 믿을 수 없는 대역전극을 보였어.

그림 6-19 세계 TV 시장의 대역전극

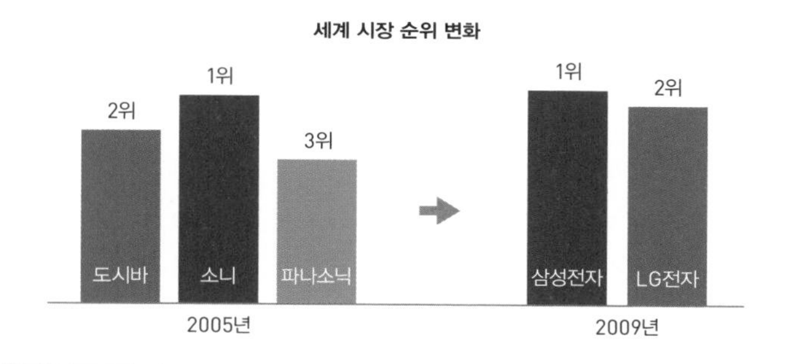

단기간에 어떻게 이런 대역전극을 이룰 수 있었던 거야?

우리나라에 역전승을 안겨 준 요소는 바로 기술력이야. 삼성전자가 브라운관 생산을 중단하고 평판 디스플레이로 생산라인을 바꾼 것은 정말 과감한 판단이었어. 특히 삼성전자의 '파브PAVV' TV는 세계 최초의 디지털 TV로 이름을 알리고 백악관에 설치되면서 TV의 역사를 새롭게 썼지.

또한 상상을 뛰어넘는 마케팅 전략도 한몫 했다고 봐. 화면 크기가 클수록 고급, 첨단 TV로 인정을 받던 시절에 삼성전자가 대형 TV와 PDP 기술에 문화 마케팅까지 더한 거야. 2006년 삼성전자가 출시한 '보르도 TV'는 보르도 와인과 접목해 세련된 디자인을 강조했고 500만 대 이상이 팔렸어. 문화와 예술을 합친 문화예술 마케팅이 적용된 사례라고 할 수 있지.

이러한 기술력과 마케팅 전략의 결과로 2008년에 삼성이 전 세계 LCD TV 점유율 55%를 기록하며 1위 자리를 거머쥐게 된 거야. LED TV도 한국이 전 세계 11위를 기록했는데 당시 미국의 LED TV 판매량 10대 중 9대가 삼성전자 제품이었다고 해. 이후 삼성전자는 혁신상까지 수상하며 전 세계 1위로 완전히 발돋움했지.

정말 대단하다. 그 이후로는 어때? 삼성전자가 계속해서 부동의 1위를 차지했어?

고금을 통틀어 영원한 승자는 없다고 했지. 2010년이 되며 TV에 3D 기능이 탑재되기 시작하자 부동의 1위 자리가 흔들리기 시작했어. 소니는 삼성전자가 전 세계 시장을 점유하기 전까지 굳건히 1위 자리를 차지하던 회사였는데 이후 주춤하다가 3D TV를 출시하며 되살아났어. 또한 스마트 TV가 본격적으로 개발되면서 여러 기업의 경쟁이 시작되었지.

그렇구나. 그런데 요즘도 TV 경쟁이 그렇게 치열해? 10년 전에는 나도 TV로 무언가를 많이 봤지만 요즘은 TV보다는 스마트폰으로 더 자주 보는 편이거든.

닥터봇

맞아, 그때에 비하면 요즘은 일반 TV의 사용량이 확 줄게 되었어. 이와 관련해서는 컴퓨터 제조업체 로지텍Logitech이 선보인 참신하면서도 섬뜩한 광고를 예시로 들 수 있어. 이 광고 속 TV는 수영장으로 들어가 자살을 하는데, 왜 이런 선택을 했을 것 같니?

그림 6-20 로지텍 레뷰 Lonely TV 광고 장면 1

우짱

글쎄? 죽었다가 살아나려고? 이전과는 다르게 아예 새로운 모습으로 도약하려는 걸 보여 주려는 거 아닐까?

닥터봇

오, 그렇게 생각할 수도 있겠구나. 그런데 이 광고에서 TV가 죽기로 결심한 건 바로 외로움 때문이었다고 해. 아까 네가 말한 것처럼 기술이 발전하면서 요즘 사람들은 TV보다는 컴퓨터, 스마트폰, 게임기 등으로 콘텐츠를 소비하게 되었어. TV는 정해진 시간에 그 앞에 앉아야 하니까 그런 기기들보다 효율성이 떨어지고, 사람들은 TV를 떠나게 된 거지. 즉, 이 광고가 의미하는 건 사람들이 TV를 외면하기 시작하자 TV가 사람을 그리워하기 시작했다는 거야.

거기에 더불어 초고속 인터넷이 보급되자 사람들은 더더욱 TV를 찾지 않게 되었지. 어디든 들고 다닐 수 있는 작은 노트북, 방에 둘 수 있는 컴퓨터 하나만 있으면 TV 기능도 해결할 수 있으니까. 그래서 이 광고에서는 TV가 인터넷을 질투해 선을 끊어 버리는 모습이 연출되기도 해. 로지텍의 신제품 출시를 예고하는 광고이긴 하지만 오늘날 일반 TV의 사용량 급감이 피부로 확 와닿는 광고라고 할 수 있지.

그림 6-21 로지텍 레뷰 Lonely TV 광고 장면 2

스마트 TV와 OTT 서비스

2.1 모든 것을 결합한 스마트 TV

우짱, 스마트 TV에 대해 들어 본 적 있어?

응, 물론이지. 그런데 그게 기존 TV와 어떤 점이 다른 건지는 잘 모르겠어.

그러면 이제부터 잘 들어 봐. TV는 점점 발전해 스마트폰 기능을 그대로 가진 스마트한 TV가 되었어. 스마트 TV란 방송과 인터넷이 접목된 서비스를 제공하는 TV로, 방송을 시청하는 TV와 인터넷에 접속하는 PC가 융합된 상태를 의미해. 즉, 방송과 통신 융합 서비스를 수신하는 기기인 동시에 스마트 기기(스마트폰, 태블릿, 스마트 가전 등)와 장비 자원(마이크, 카메라, 터치스크린, 센서 등)이 공유 및 협업되는 서비스를 제공한다는 거야. 방송과 인터넷, 컴퓨터 소프트웨어 기술의 융합을 실현한 거라고 할 수 있어. 특히 콘텐츠 허브 역할을 수행하면서 편리한 이용 환경을 통해 다양한 영역으로 서비스가 확장되었다는 점이 중요하지.

일반적으로 스마트 TV는 콘텐츠 플랫폼을 기반으로 영상물이나 애플리케이션 같은 각종 콘텐츠를 제공해. 예를 들면, 플레이스테이션이나 XBOX 같은 게임기를 별도로 구매할 필요 없이 TV용 앱 스토어나 구글 플레이 스토어로 들어가 게임을 다운받아 즐길 수 있다는 거야. 해외 명문 대학의 강의 듣기나 실시간 통·번역 애플리케이션도 거실 소파에 앉아 대형 화면으로 즐길 수 있지.

그림 6-22 스마트 TV

전통적인 TV와 스마트 TV를 비교해 보면, 전통적인 TV는 전파를 활용하기 때문에 무료였지만 스마트 TV는 인터넷망을 활용하기에 돈을 지불해야 하는 경우도 있어. 또한 전통적인 TV는 방송사에서 만든 콘텐츠만 볼 수 있지만 스마트 TV는 온·오프라인의 모든 콘텐츠를 볼 수 있지.

우짱

그렇구나. 요즘 스마트 TV에 관심을 갖는 사람이 늘고 있다고 들었어. 우리 집도 최근에 스마트 TV를 한 대 구매한 상황이라 스마트 TV의 특징이나 현황에 대해 좀 더 자세히 알고 싶어.

닥터봇

스마트 TV는 셋톱박스 형식과 내장형 방식으로 나뉘는데, 요즘은 기본적으로 스마트 TV 기능이 내장된 경우가 많아. 셋톱박스 형식은 가격이 저렴하고 여러 통신 지원 정책에 따라 지원을 받을 수도 있어. 하지만 TV 구매 비용과 별도로 셋톱박스 설치 비용이 추가 발생한다는 단점이 있지. 내장형 방식은 스마트폰과 연동하여 자체적으로 각종 콘텐츠를 볼 수 있지만 셋톱박스 형식보다 가격이 비싼 점이 단점이 있어.

그리고 스마트 TV의 허브 기능은 인터페이스를 혁신하고 인공지능이 부여되면서 기능이 향상하는 신개념의 생태계 구축에 중요하게 작용하며 스마트 TV가 지향하는 미래지향성을 잘 보여 주고 있어. 예전에는 리모컨으로 채널만 돌리던 단순한 사용자 경험이 다양하고 적극적인 사용자 경험으로 전환되고 있는 거야. 이에 따라 최근에는 애플, 구글, 삼성전자, 소니 같은 글로벌 다국적 기업이 스마트 TV 경쟁에 뛰어든 상태라고 해.

우짱, 혹시 너희 집에 있는 TV가 애플 TV나 구글 TV이니?

우짱

응, 우리 집에 있는 TV는 넷플릭스, 유튜브가 다 되는 구글 TV야. 애플 TV는 요즘 친구들한테 많이 들어 봤는데 정확히 뭔지는 잘 모르겠어.

닥터봇

그럼 네가 잘 모르는 애플 TV에 대해 먼저 설명해 줄게. 애플은 2007년 '애플 TV'를 처음 개발했어. 그때는 스티브 잡스가 경영하던 시절이라 그의 철학을 녹여 스마트 TV 기능보다는 무선 저장장치의 기능이 강했지. 실제로 그 당시에 스티브 잡스는 "애플 TV는 취미용 제품이고 TV를 컴퓨터화하는 것은 바람직하지 않다. 사람들은 우리가 원래 쓰던 TV의 경험에서 조금 확장된 제품을 원하지, 새롭게 공부해야 하는 복잡한 컴퓨터 같은 TV를 원하는 것이 아니다."라고 발언했다고 해.

그림 6-23 1세대 애플 TV

하지만 2010년에 출시된 버전은 내장된 하드디스크에 콘텐츠를 다운받아 TV에 내보내는 방식이며 저장 장치 기능은 사라졌어. 도서관에서 책을 빌리듯 콘텐츠를 대여하는 개념으로 전환된 애플 TV는 이를 근간에 두고 저장 장치가 없는 아주 작은 형태를 선보였어. 가격도 200불에서 99불로 대폭 낮췄고 저렴한 가격의 스마트 TV로 여러 콘텐츠를 대여해 즐기는 방식을 추구했지.

즉, 스티브 잡스는 애플 TV를 콘텐츠 유통 플랫폼으로 활용하려고 한 거야. 그래서 ABC나 폭스Fox 등의 콘텐츠 제작사와 콘텐츠 제공 협약을 진행하고자 했지만 수익 문제로 제휴가 잘 되진 않았지. 애플이 내민 조건이 프로그램을 편당 0.99불에 제공할 것, 수익을 7 대 3으로 나눌 것 등이었으므로 콘텐츠 제작사 입장에서는 어찌 보면 거절하는 것이 당연했어. 하지만 당시 기업들은 스티브 잡스가 꾸려 놓은 생태계, 바로 앱 스토어의 위력을 잘 몰랐던 것 같아. 전 세계에 퍼진 앱 스토어 고정 가입자만 몇억 명이겠어? 신용카드를 사용할 수 있는 신용 능력이 확실한 소비자층을 보유한 것이 애플의 생태계야. 이 생태계에 콘텐츠가 확산 및 연계되는 과정은 매우 대단해서 이에 따라 콘텐츠 제휴 업체가 늘어나게 되었지.

궁극적으로 애플은 콘텐츠를 중심으로 사용자 경험을 확장하는 방향으로 나아가고자 하는 전략을 취하고 있어. 2015년이 되면서 애플이 운영하는 아이튠즈도 상당히 강력한 영상 유통 채널로 발전했고, 현재 많은 사용자 수를 보유하고 있는 넷플릭스나 HBO 등의 콘텐츠 기업들도 애플 TV에 진출하고자 관심을 두고 있지. 이 기업들 또한 TV가 스마트폰처럼 무한한 가능성을 가진 플랫폼임을 인정하기 때문이야. 따라서 다양한 콘텐츠 제작사들이 애플과 손잡으며 시청자들은 원하는 대부분의 영상 콘텐츠들을 볼 수 있게 되었고, 애플 TV는 꾸준히 발전해 5세대, 6세대 버전도 출시되고 있어.

그림 6-24 6세대 애플 TV

우짱

일명 '애플 생태계'라고 부르는 환경이 조성되어 있으니, 애플은 자사의 기기를 기반으로 어느 분야로든 손쉽게 뻗어나갈 수 있는 거구나. 그럼 구글 TV는 어때?

닥터봇

구글은 애플과는 좀 다른 전략으로 접근했지. 셋톱박스 스마트 TV든 내장형 스마트 TV든 안드로이드 OS가 탑재되어 있다면 어디서든 '구글 TV'가 되는 전략이야. 또한 구글의 가장 강력한 기능인 검색 기능이 스마트 TV에 접목되어 실시간으로 영상을 검색해 재생할 수 있어. 실시간 방송 채널에서 방영되는 콘텐츠를 시청할 수도 있고, 아마존이나 넷플릭스 등의 콘텐츠 기업들과도 연동되어 있어 자유롭게 콘텐츠 시청이 가능해. 안드로이드 OS가 탑재된 스마트폰은 애플리케이션만 설치하면 스마트 TV와 연동해 활용할 수 있지. 스마트폰을 리모컨처럼 활용해 TV를 제어할 수 있다는 것도 장점이야.

그림 6-25 구글의 크롬캐스트

더불어 유튜브 연동도 구글의 전략 중 하나야. 구글이 인수한 유튜브는 전 세계적인 미디어 기업으로 자리를 잡았고 어마어마한 양의 콘텐츠를 보유하고 있어. 유튜브의 고화질 서비스 확대는 장기적으로 구글 스마트 TV의 대형 화면 연동에 유리한 전략이라고 볼 수 있지.

역시 구글은 소프트웨어로 승부하는구나. 특히 안드로이드 OS를 활용한 건 정말 영리한 선택이었다는 생각이 들어.

그렇지? 이렇게 각각 고유의 OS를 가지고 전략을 펼치는 애플 TV, 구글 TV와 비교해 보면 우리나라 제조기업의 치명적인 단점이 드러나게 돼. 바로 스마트 TV에 탑재한 자체 OS가 없다는 점이야. 이로 인해 삼성전자의 뒤를 이어 전 세계 TV 시장 2위 자리를 차지하던 LG전자가 위기를 맞게 되었어.

헉, 그래서 LG전자는 어떻게 했어?

LG전자는 위기에서 벗어나기 위해 구글과 손잡고 스마트 TV 전쟁터에 뛰어들었고, 이후 구글과 연합한 OS 정책을 펼치며 LG유플러스를 주축으로 한 스마트 TV 정책을 발표했어. LG의 위기로부터 브랜드 결합형 TV가 나오게 된 것이지.

LG의 'GTV'는 이미지 기반의 UI/UX, 스마트폰 TV가 NFC 원터치로 연결되는 DNA 기술, 미러링 기술 등을 내세우며 스마트폰과 유사해 작동이 어렵지 않음을 강조했어. 하지만 구글 플레이 스토어와 연동되어 있어 구글 TV로 비치는 단점을 무시하기는 어렵지. 최근에는 스마트 TV용 V라이브VLive 앱을 출시해 사용자에게 친숙한 TV로 거듭나기 위해 노력하고 있다고 해.

그림 6-26 LG의 GTV

우짱

그렇다면 삼성전자는 스마트 TV 시장에서 어떻게 경쟁해 나가고 있어?

닥터봇

삼성전자 또한 스마트 TV에서 가장 중요한 OS는 가지고 있지 않았어. 그래서 초기에 '바다'라는 OS를 만들어 스마트 TV에 탑재했지만 시장 반응은 좋지 않았지. 그런 다음에도 '타이젠 OS'가 탑재된 스마트 TV까지 개발했지만 그 과정이 순탄하진 않았다고 해.

이후 삼성전자는 여러 장점 중 하나인 첨단 디바이스 기술을 활용해 기능에 충실하자는 전략을 취하기 시작했어. 2012년 삼성이 내놓은 스마트 TV는 NUI 같은 모습을 보였지. 예를 들어, 손짓으로 화면을 전환시키거나 사용자 얼굴을 인식해 사용자가 좋아하는 채널을 자동으로 틀어 주는 거야. 이런 행동뿐만 아니라 음성도 인식이 가능했어.

이후로도 삼성전자는 업그레이드된 모델을 계속 개발하는데, 대표적인 제품이 '에볼루션 키트Evolution Kit'야. 이 제품은 하드웨어, 즉 TV 자체를 교체하지 않아도 소프트웨어 업데이트만으로 신형 TV가 될 수 있는 기능이 있어. 최근에는 애플의 아이튠즈나 에어플레이2 기능이 탑재되었지. 애플은 타사와 소프트웨어적 연계를 하지 않기로 유명한 회사인데 삼성전자가 최초로 연계를 이끌어 낸 거야. 그래서 삼성전자 스마트 TV 사용자들은 아이튠즈 비디오 앱을 통해 아이튠즈 스토어에 있는 고화질 영상이나 영화, TV 프로그램을 감상할 수 있게 되었고, 아이튠즈 보관함에 저장된 콘텐츠를 바로바로 연동해서 보는 것도 가능해졌어. 이 연계 상황을 두고 업계에서는 '적과의 동침'이라고 표현하고 있지.

그림 6-27 삼성전자의 에볼루션 키트

우짱

스마트 TV 시장에서 살아남기 위해 적과 동침하는 전략을 택한 거구나. 삼성전자는 최근에 어떤 제품을 출시했어?

닥터봇

최근 삼성전자는 8K 스마트 TV를 출시했다고 해. 8K에서 K는 Kilo를 의미하며 8K TV는 가로 기준 약 8,000픽셀을 구사하는 TV라는 뜻이야. 최근 출시된 UHD TV 중 해상도가 가장 높으며 4K 대비 픽셀이 4배 더 많고 촘촘해 이미지가 선명하고 표현이

세밀한 8K 스마트 TV는 퀀텀닷Quantum Dot 기술을 기반으로 하고 있어. 참고로 퀀텀닷은 나노미터nm 단위의 초미세 반도체 입자이며 1나노미터는 10억분의 1미터야. 즉 뛰어난 컬러와 밝기를 제공하는 무기물인 퀀텀닷을 사용해 매우 높은 화질을 제공하는 것이지. 더불어 AI 화질 변환 기술이 탑재되어, 머신러닝을 이용해 천만 개 이상의 이미지를 학습하고 이를 기반으로 일반 영상의 해상도를 8K급으로 자동 업스케일링했어. 데이터를 쌓아 스스로 발전시키는 머신러닝 기반의 기술은 더욱더 정교한 화질 변환을 가능하게 했지.

그림 6-28 삼성전자의 8K 스마트 TV

우짱

예전에 TV 경쟁에서 1위를 차지했다는 일본 기업이 어디였더라? 아, 소니는 요즘 어떤 행보를 보이고 있어?

닥터봇

그래, 소니의 행보도 주목할 필요가 있지. 소니는 굴지의 세계 1위 TV 생산 기업이었지만 삼성전자와 LG전자의 비약적인 발전에 밀려 한동안 TV 시장에서 밀려나 있던 기업이야. 스마트 TV 시대가 다가오자 소니는 재빠르게 움직여 가장 먼저 구글과 손잡고 구글 OS를 그대로 탑재한 시리즈를 바로 발표했어. 그 결과 스마트 TV 시장에서 소니는 11년 만에 흑자로 돌아섰지. 이후로도 구글과의 협업을 강조하며 지속적으로 구글 OS를 탑재한 TV를 개발해 출시하고 있어.

그림 6-29 소니의 브라비아(BRAVIA)

또한 소니는 TV를 콘텐츠와 연관시켜 토탈솔루션Total Solution을 제공하는 것에 주력했어. OLED 스마트 TV를 출시하면서는 게임과 연동을 강조했는데 이는 소니의 플레이스테이션 기기를 활용하기 위한 전략으로 보여. 플레이스테이션에는 VR 기능이나 고화질 기능이 탑재되어 있어 스마트 TV의 대형 화면으로 실감나게 게임을 즐길 수 있거든. 그렇게 OLED 스마트 TV가 대성공을 거두면서 소니는 매출액이 크게 증가하고 프리미엄 TV 시장에서도 1위를 기록하게 되었어.

우짱

그렇다면 소니와 비교해서 국내 기업의 스마트 TV 경쟁력 현황은 어때?

자체 OS를 가지고 있는 구글이나 애플, 그리고 구글과 가장 먼저 손을 잡은 소니는 스마트 TV 시장에서 남다른 경쟁력을 가지고 있지. 특히 구글과 결합한 소니 TV는 'TV 명가'라는 명성에 힘입어 상당히 위협적인 위치에 있다고 해. 3D TV 경쟁에서도 앞섰던 소니가 부가적인 기술을 더 많이 가지고 있다는 점도 위협 요인으로 작용하기 때문에 국내 기업들은 사실상 위기라고 볼 수 있어. 삼성전자와 LG전자가 애플과 구글, 소니 연합군과 싸워야 하는 상황인 거야. 이건 스마트폰보다도 훨씬 더 어려운 도전이라 이러한 상황을 극복해 내기 위해서는 혁신적인 기술 개발에 힘쓸 수밖에 없어.

그림 6-30 국내 기업의 스마트 TV 경쟁력 현황

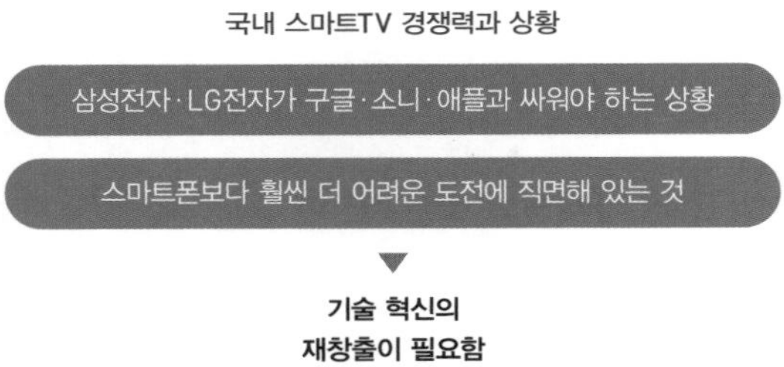

국내 스마트TV 경쟁력과 상황

삼성전자·LG전자가 구글·소니·애플과 싸워야 하는 상황

스마트폰보다 훨씬 더 어려운 도전에 직면해 있는 것

▼

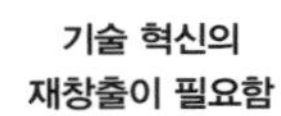

지금처럼 기술 개발이 정말 중요한 시점에서 우리나라 기업들은 어떻게 하고 있어?

지금 삼성전자와 LG전자는 신기술 개발에 박차를 가하고 있어. LG전자의 경우, 세계 최대 전자쇼인 CES 2019에서 롤러블 TV를 처음 선보이며 큰 반향을 일으켰지. 이 TV는 보지 않을 땐 화면이 스피커 안으로 말려 들어갔다가 사용하려고 할 때는 화면이

다시 펴지는(아래에서 위로 올라오는) 혁신적인 모습을 띠고 있어. TV는 보통 자리를 많이 차지하는 제품인데 이러한 TV의 공간적 제약을 줄인다는 점에서 강점을 보인 이 기술은 현재 상용화되어 시장에 출시된 상태라고 해.

그림 6-31 LG의 롤러블 TV

더불어 LG전자는 '플렉서블 디스플레이' 개발 현황을 계속 발표하고 있는데, 둥글게 휘는 커브드 디스플레이의 모습과 고화질 ITS 화면 등으로 전 세계의 이목을 집중시켰어. 투명 디스플레이 기술은 차세대 디스플레이의 개발 방향을 보여 주고 있으며 롤러블 OLED 기술은 혁신을 선도할 대단한 기술로 평가받고 있어.

우짱

LG전자는 요즘 디스플레이 기술 개발을 위해 엄청 노력하고 있구나. 삼성전자는 요즘 어떤 기술을 개발하고 있어?

닥터봇

삼성전자 또한 디스플레이 개발에 초점을 맞추고 있어. 삼성의 '플렉서블 디스플레이'는 자그마한 스마트 화면이 그대로 휘어지고, 마이크로소프트의 Windows 10과 연동 가능해. 이러한 기술이 그대로 접목되어 출시된 제품이 '갤럭시 폴더블'이며 이후 갤럭시 폴더블의 문제를 보완해 새롭게 출시하려는 제품이 '갤럭시 롤러블'이야. 폴더블, 플렉서블, 롤러블로 이어지는 디스플레이 기술은 다시금 전 세계를 주도할 수 있는 혁신 디스플레이 기술로 기대되고 있지.

그림 6-32 삼성의 갤럭시 롤러블

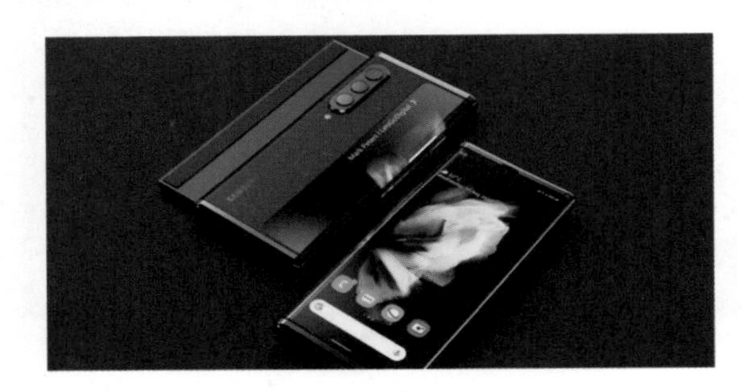

2.2 끊임없이 발전하는 TV

닥터봇, TV가 본격적으로 발전하는 데 이바지한 건 브라운관 기술이었잖아. 그러면 스마트 TV 발전에 도움이 되는 기술은 뭐야?

스마트 TV 발전에 함께하고 있는 기술은 '홀로그래피Holography' 기술이야. 홀로그래피 기술은 별도의 안경을 쓰지 않고도 3D 영상이 구현되는 기술로, 플로팅 방식의 영상 기술이지. 컴퓨터를 비롯한 각종 디지털 정보 통신 기법을 활용해 영상 정보 생성이나 기록, 재생을 진행하는 디지털 홀로그래피 기술이 개발되면서 평면의 3차원에서 나아가 플로팅 방식이 광범위하게 보급되고 있어.

예를 들면, 휘트니 휴스턴은 이미 세상을 떠났지만 홀로그래피 기술로 공연을 생생하게 복원한 적이 있어. 휘트니 휴스턴뿐 아니라 공연을 함께 했던 라이브 밴드와 코러스 가수들을 완벽하게 재현했고 안무까지 함께 살려냈지.

이전의 홀로그램 기술은 대형 빔프로젝터나 반사막 등 값비싼 장치가 필요했지만 이제는 별도의 장치 없이도 구현이 가능해지고 있지. 실제로 인공지능 스피커와 접목하여 가상 비서를 구현하기도 했어. 스피커 원통 안에 나노 기술로 만든 투명 스크린을 삽입하고 레이저를 스크린에 비추면 그 빛이 입체감을 만드는데, 그 빛이 튕겨져 남긴 잔상을 우리 눈이 입체 형상으로 인식하는 거야. 현재 상용화된 홀로그램 기술은 360도 입체 영상을 구현한 홀로그램 기술로, 멀리 떨어진 사람과 홀로그램으로 대화하는 것이 가능해질 것으로 보여. 또한 홀로그래피 영상을 만질 수 있는 기술도 개발되고 있지.

그림 6-33 홀로그래피 기술과 AI 스피커의 결합

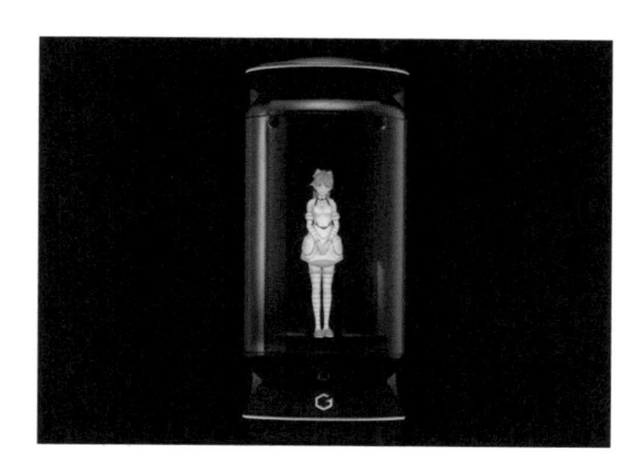

영화에서만 보던 기술이 이제는 실제로 TV에도 활용되는구나. 정말 멋지다. 그런데 이렇게 멋진 기술이 접목되고 있는데도 불구하고 요즘에는 사람들이 스마트폰과 태블릿으로 OTT 서비스를 즐기다 보니 TV 이용률 자체가 엄청나게 줄고 있잖아? TV도 이런 흐름에 맞춰 발전해야 하지 않을까 싶어.

맞아. 실제로 미국에서 가장 TV를 보기 편한 황금시간대의 올림픽 시청률을 조사했는데 2021년 도쿄올림픽 때의 시청률은 2016년 리우데자네이루 올림픽 때에 비해 42%나 감소했다고 해. 미국뿐 아니라 우리나라 역시 과거에는 유명한 드라마들이 40~50% 정도의 시청률을 기록했는데 최근에는 10%도 달성하기 어려운 모습을 보이고 있지. 심지어 이러한 현상이 지속되면서 방송국의 적자도 계속 심해지고 있다고 해.

이런 일이 발생한 원인으로 1인 가구의 증가, TV 방송국 플랫폼 증가 등 여러 원인을 꼽을 수 있지만, 가장 큰 이유는 네가 이야기한 것과 같이 OTT 시장의 성장이야. OTT란 'Over-The-Top'의 약자로, 쉽게 말하면 TV에 설치된 셋톱박스를 거치지 않고 인터넷망을 통해 영상 콘텐츠를 제공하는 온라인 동영상 서비스를 뜻해. OTT 선두주자인 넷플릭스, 유튜브, 왓챠, 웨이브 등은 실제로 많은 콘텐츠와 사용자를 보유하고 있지. 요즘 트렌드는 많은 사람이 한 공간에 앉아서 영상 콘텐츠를 소비하는 대신 인터넷을 통해 각자 다양한 공간에서 콘텐츠를 즐기는 거야. 특히 시간을 내서 긴 영상을 한 번에 시청하기보다는 짬짬이 많은 영상을 즐기고자 하는 사람이 많아지면서 OTT에 대한 소비는 자연스럽게 증가하고 있어.

이런 양상으로 발전한다면 더 이상 집에 TV가 필요하지 않을 것 같아. 이런 추세야말로 TV의 위기라고 할 수 있지 않을까?

맞아. TV 제조 회사와 방송국 역시 이러한 상황을 위기로 인식하고 있어. 그래서 최근에는 TV에서 OTT를 즐길 수 있는 서비스를 많이 제공하고 있다고 해. 예를 들어 많은 KT나 LG와 같은 IPTV 기업들은 사람들이 TV에서도 넷플릭스, 디즈니플러스 등을 즐길 수 있도록 서비스를 제공하고 있지.

한편 향후에 TV가 필요하지 않을 것이라 말하는 건 아직까지는 섣부른 판단이라고 보는 의견도 많아. OTT도 많은 한계를 가지고 있거든. 뉴스나 선거 방송과 같은 중대한 행사나 재난과 같은 위험한 일이 발생했을 때 TV의 역할은 매우 중요하고 간과해서는 안 될 부분이지.

따라서 지금의 TV 시장은 OTT 시장의 성장에 함께 발맞춰 가되, TV가 가진 본질은 잃지 않기 위해 끊임없이 고민하며 발전해 나가야 한다고 볼 수 있어.

함께 일하고 함께 성장하는 빅테크 기업, 마이크로소프트가 걸어온 길

마이크로소프트가 빅테크 기업이 되기까지 과정

마이크로소프트 하면 우리는 빌 게이츠라는 창업자를 떠올립니다. 그는 유태인 출신이며, 남다른 배경을 가지고 있었습니다. 빌 게이츠는 1955년도에 워싱턴의 시애틀에서 변호사인 아버지, 그리고 교사인 어머니 사이에서 태어났습니다. 1968년 학교의 어머니회에서 구매한 컴퓨터에 큰 관심을 보인 그는 1971년 중학생 시절에 '트래프 오 데이터'라고 하는 교통 트래픽 분석 회사를 만들었습니다. 이후 빌 게이츠는 미국의 대학수학능력시험인 SAT를 치러 1,600점 만점에 1,590점을 받고 하버드 대학교 법학과에 진학했습니다. 그리고 1974년도에 세계 최초 마이크로 컴퓨터가 탄생하는 것을 보면서 컴퓨터에서 돌아가는 쉬운 언어를 만들겠다고 결심하고 '베이직'이라는 언어를 개발했습니다.

그림 6-34 마이크로소프트의 전 CEO, 빌 게이츠

1976년쯤 빌 게이츠의 회사는 매출 10만 불이라는 대단한 매출을 기록했습니다. 그러면서 여러 가지 성장 과정을 거치게 되는데, 그중 '도스'라는 운영체제의 개발이 큰 역할을 하게 됩니다. 그 당시 빌 게이츠가 회사를 운영하고 있을 때 IBM이라고 하는 거대 글로벌 기업에서 PC를 만든 후 이 PC에 기본적으로 탑재되는 OS를 만들 회사를 찾고 있었습니다. 그때 IBM은 여러 회사를 비교하다가 결국 빌 게이츠가 있는 회사로 갔습니다. 그런데 빌 게이츠는 이것을 처음부터 개발한 것이 아니라 어떤 회사가 만든 OS를 산 뒤 약간의 수정과정을 거쳐 납품했고, 이러한 도스 운영체제 개발 및 납품을 기점으로 마이크로소프트는 전 세계적인 소프트웨어 회사로 성장할 수 있었습니다.

그림 6-35 마이크로소프트 도스

그 이후로 마이크로소프트는 'Windows'라는 GUI 환경의 혁신적인 OS를 만들어 내게 됩니다. 또한 Windows 3점대를 거쳐서 Windows 95가 대성공을 거두게 되면서 그들은 거의 전 세계 독점 업체가 되었습니다. 1995년에 출시된 Windows 95는 기존에 개발했던 도스라는 텍스트 기반의 명령 체계와 GUI 기반의 OS가 합쳐진 것으로, 4일간 무려 100만 개가 팔렸습니다.

계속해서 발전하고 있는 마이크로소프트의 운영체제 Windows

마이크로소프트는 세계 최대의 컴퓨터 소프트웨어 업체로, 워싱턴의 레드먼드에 본사를 두고 있습니다. 하버드 대학을 중퇴한 빌 게이츠와 그의 동기 폴 알렌에 의해 만들어진 마이크로소프트는 처음에는 3명으로 출발해서 첫해 매출이 1만 6천 불 정도였는데 1999년에 이르러서는 60개국에 직원 3만 5천 명 이상 보유하고 매출도 비약적으로 증가했습니다. 또 2012년에는 마이크로소프트의 전 세계 직원이 9만 명에 달했습니다. 이렇듯 엄청난 인재들을 바탕으로 마이크로소프트는 Windows라는 운영체제와 여러 디지털 기기를 개발했고 Windows 운영체제는 지금도 대중적으로 사용되는 강력한 OS로 자리 잡았습니다.

그림 6-36 Windows 11까지 발전한 마이크로소프트의 운영체제

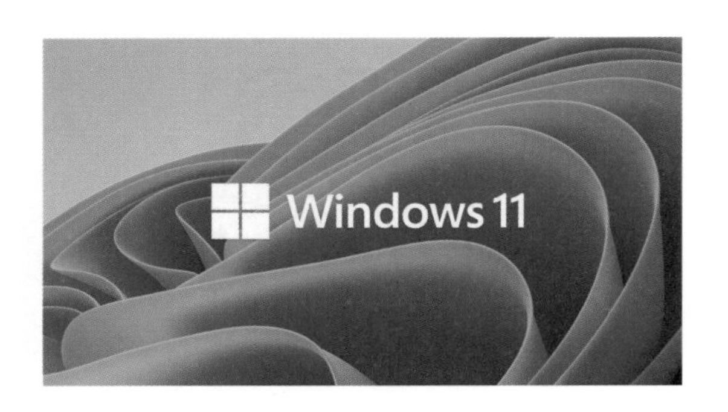

비록 '모바일 시장에서 전패'라는 불명예스러운 타이틀을 얻고 아직 하드웨어 부문에서는 경쟁사인 애플에 비해 현저히 낮은 성적을 기록하고 있지만, 마이크로소프트가 거대 빅테크 기업으로 성장한 배경에는 그들의 조직문화 혁신이 있습니다.

읽을거리

어려움을 딛고 일어서는 데 힘이 된 마이크로소프트의 조직문화

1999년 마이크로소프트는 엄청난 위기를 겪게 되었습니다. 미국의 주 정부가 그 당시에 인터넷 브라우저의 큰 지분을 차지했던 '인터넷 익스플로러'를 마이크로소프트의 OS에 무료로 내장해 판매하는 것이 독점이라는 판단을 내린 것입니다. 미국의 강력한 독과점 규제로 인해 마이크로소프트는 휘청였고 그것을 기점으로 빌 게이츠는 마이크로소프트 CEO에서 물러나 현재는 '사티아 나델라'라는 인물이 CEO를 맡고 있습니다. 여러 위기에 시달리던 마이크로소프트를 부활시키기 위해 사티아 나델라는 미래를 위해 투자하는 '과감하면서 혁신적인 전략'을 보였습니다. 그는 '모바일 퍼스트, 클라우드 퍼스트'라는 새로운 마이크로소프트의 비전을 제시하면서 마이크로소프트를 플랫폼과 생산성을 제공하는 회사로 재정의했습니다. 즉, 기존의 Windows 운영체제를 포기하고 클라우드, 모바일 등 미래 성장 가치를 가진 사업에 집중한 것으로 이해할 수 있습니다.

과거 마이크로소프트는 폐쇄적인 조직문화를 가지고 있었습니다. 엄격한 성과주의와 소통을 막는 칸막이 방식, 개인 평가 중시 등 폐쇄적인 조직문화 속에서 조직원들을 그들이 달성한 성과의 숫자로만 평가했습니다. 이러한 문화 때문에 내부 경쟁 같은 부정적인 효과가 발생하던 중 사티아 나델라는 조직문화 혁신을 단행했습니다. 기존의 '내가 모든 것을 알아야 한다Know it all'라는 식의 경쟁하는 문화에서 '누구든 배우면 된다Learn in all'를 모토로 하는 성장하는 문화로 변화를 꾀한 것입니다.

2장의 메타 기업문화에서도 살펴봤듯이 마이크로소프트 역시 '영향력Impact'을 중시하는 평가를 도입했습니다. 과거 개인을 평가하는 지표로 단순히 숫자를 활용했다면, 이제는 다른 부서의 성공에 내가 어떤 영향을 미쳤는지를 평가하는 방식으로 변화했습니다. 즉, 혼자서 성과를 내는 것보다 함께 돕고 소통할 수 있는 조직문화를 확립한 것입니다. 이렇듯 오늘날의 마이크로소프트는 '함께 일하고 성장하는' 가치를 중시하는 조직문화를 가지고 있다고 할 수 있습니다.

그림 6-37 마이크로소프트의 조직문화

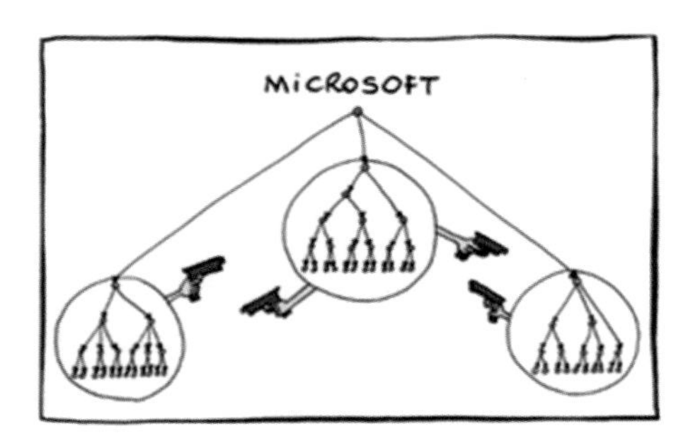

다양한 분야로 확장하고 있는 마이크로소프트

마이크로소프트는 조직문화 혁신을 통해 다양한 분야로 진출하고 있으며, 거대 스트리밍 엔터테인먼트 기업인 넷플릭스와 손을 잡고 OTT 분야에 광고 지원에 나서고 있습니다. 최근 넷플릭스는 구독자의 구독료나 콘텐츠에서 발생하는 수익만으로 기업을 유지하기 힘들어지자 동영상 중간에 광고를 넣어 수익을 올리기로 결정했고, 마이크로소프트는 넷플릭스의 동영상에 광고를 제공하는 파트너로 선정되었습니다. 넷플릭스의 글로벌 광고 기술 및 영업 파트너가 될 수 있었던 이유는 마이크로소프트가 가진 기술적, 영업적 장점을 바탕으로 넷플릭스를 즐기는 사람들이 좋아할 만한 광고를 제공할 것으로 판단되었기 때문입니다. 혹자는 마이크로소프트의 이러한 움직임이 그들이 OTT 시장에까지 진출하려는 의도에서 비롯된 것이라 평가하기도 합니다.

그림 6-38 넷플릭스와 손잡은 마이크로소프트

OTT와 더불어 게임 분야에서도 마이크로소프트의 영향력이 커지고 있는 상황입니다. 마이크로소프트는 과거부터 반복되던 경쟁에서 벗어나 거대한 게임 플랫폼을 구축하고자 노력하고 있으며, 그 대표적인 사례가 Xbox입니다. 마이크로소프트가 만든 '엑스박스 게임 패스Xbox Game Pass'는 클라우드를 기반으로 한 게임 플랫폼입니다. 구독형 게임 서비스로 한화 7,900원에 게임 패스에 등록된 다양한 게임을 무제한으로 플레이할 수 있습니다. 그들은 인기 게임인 〈엘더스크롤〉, 〈폴아웃〉, 〈둠〉, 〈퀘이크〉 등을 손에 넣어 Xbox에서 사용자들이 자유롭게 여러 게임을 즐길 수 있도록 했습니다. 실제로 2021년 초 1,800만 명의 구독자를 보유하고 있다가 단 8개월 만에 구독자 수가 3,000만 명으로 증가했고, 현재는 구독형 게임 서비스의 1인자로 등극했습니다. 그리고 마이크로소프트는 이러한 게임 서비스에서 한발 더 나아가, 사용자들이 높은 사양의 게임을 더욱 쉽게 즐길 수 있도록 게임 기기에도 지속적으로 투자하고 있습니다. 그러한 투자 덕분에 매우 높은 사양의 게임이 마이크로소프트의 Xbox 게임기에서는 문제없이 돌아가며, 69개의 게임이 매우 높은 해상도인 4K 이상의 해상도를 지원합니다.

그림 6-39 게임 분야 1인자가 된 마이크로소프트의 Xbox

넷플릭스 다큐멘터리 〈인사이드 빌 게이츠〉

©https://www.youtube.com/watch?v=x8qsWi99T_k

CHAPTER

07 미래를 만드는 상상력

〈7장. 미래를 만드는 상상력〉은 미래를 예측하는 다양한 이론, 상상력의 힘과 실제 사례들, 그리고 미래 직업과 청소년을 위한 SW 교육 정보를 소개합니다. 이 장의 마지막 읽을거리에서는 전 세계 K-콘텐츠의 새 흐름을 만든 '넷플릭스'의 조직문화와 경영 전략을 엿볼 수 있습니다.

자세히 살펴보기

- 정성적, 정량적 방법으로 미래를 예측하는 미래학자들에 대해 알아보고 유명한 미래예측 이론을 살펴봅니다.
- 상상을 현실로 바꾼 다양한 사례를 확인하고 SW 관련 직업과 우리나라 청소년 코딩 교육의 방향성을 이해합니다.
- [읽을거리] 자체 제작 콘텐츠인 〈오징어 게임〉으로 전 세계에 K-콘텐츠를 알린 넷플릭스의 조직문화와 경영 전략을 살펴보며 글로벌 콘텐츠 제작의 저력을 확인합니다.

핵심 키워드

#상상력 #미래예측 #미래학자 #SW직업 #SW교육 #오징어게임 #넷플릭스 #K콘텐츠

Section 01

상상력과 미래 예측 기술

1.1 미래를 예측하는 사람들

닥터봇

우짱, 지금까지 오늘날 주목받는 기술의 변천사와 근황을 살펴봤는데, 그걸 바탕으로 미래를 예측할 수 있겠니?

우짱

아니, 솔직히 나는 지금까지 새롭게 알게 된 기술을 이해하는 걸로도 충분히 벅찬 상태야.

닥터봇

하하, 조금 지친 모양이네. 그렇다면 이번에는 다른 사람들이 미래를 어떻게 예측했는지 가볍게 살펴볼까?

우짱

사람'들'? 미래를 예측한 사람이 많아?

닥터봇

물론이지. 우짱, 혹시 미래학Futurology이라고 들어 봤니? 미래학은 미래에 관한 변화나 여러 가지 상황을 예측하고 관련 모델을 제공하는 학문이야. 과거와 현재 상황을 바탕으로 미래 사회 모습을 예측하고 모델을 제공하는 학문이라고 생각하면 좀 더 이해하기가 쉬울 거야. 1960년대부터 본격적인 연구가 이루어진 미래학에서는 미래를 현미래10년, 근미래10^2년, 중미래10^3년, 원미래10^4년로 구분해서 체계적인 예측을 진행한다고 해.

미래를 예측하는 학문이라니. 아직 일어나지 않은 일을 어떻게 예측할 수 있는 거야?

그냥 듣기에는 막연하게 느껴지지? 미래 기술과 미래 사회를 예측하기 위한 연구 방법론에는 전문가의 의견을 종합하는 '정성적인 방법'과 과거의 데이터를 분석하는 '정량적인 방법'이 있어.

정성적 방법	정량적 방법
전문가들의 의견을 종합해 미래 예측	현재 시점을 예측한 과거의 데이터를 수치화하고 분석해 미래 예측

정성적인 방법은 전문가들에게 미래 기술에 대한 관점이나 견해를 인터뷰한 자료를 종합해 예측하는 거야. 주관적인 견해를 종합하는 것이라서 해당 기술의 전문가를 확보하는 게 중요해.

이와 달리 정량적인 방법은 과거부터 현재까지 기술이 발전해 온 흐름을 수치화하고 그것을 분석해 미래 흐름을 예측하는 방법이야. 좀 더 쉽게 풀어 얘기하면, 과거에도 분명 미래를 예측한 견해들이 있었겠지? 현재 시점은 과거가 예측한 미래이므로 과거에 예측한 견해가 들어맞았는지 아닌지를 수치화할 수 있어. 그런 수치를 분석해서 미래를 예측해 내는 게 바로 정량적 방법인 것이지. 여기서 주의할 점은 분석 대상 기술에 대한 과거 데이터가 충분해야 하고, 해당 기술이 적용되는 사회·경제적 상황이 지금의 상황과 큰 차이가 없어야 한다는 거야.

실제로 그런 방법을 적용해서 미래를 예측하고 있어?

물론이지. 시대가 변화하는 흐름이 빨라지면서 최근 들어 미래학자들의 활동도 활발해지고 있어. 그중에서도 존 나이스비트John Naisbitt의 메가트렌드 이론, 레이 커즈와일Ray Kurzweil의 특이점 이론, 토마스 프레이Thomas Frey의 미래 예측 이론이 유명해.

존 나이스비트, 레이 커즈와일, 토마스 프레이라는 이름을 어디선가 많이 들어 봤는데…. 뉴스에서였나? 아, 서점에서 이 사람들의 책을 본 적 있어!

맞아, 이 3명의 미래학자는 자신의 이론을 바탕으로 책을 집필하기도 했어. 워낙 유명하다 보니 책이나 작가의 이름을 한 번쯤은 들어 봤을 거야. 혹시 책 속의 내용도 알고 있니?

아니, 읽어 보지는 않아서 몰라. 존 나이스비트는 어떤 책을 썼어? 메가트렌드 이론을 바탕으로 쓴 책이 있어?

몇 권의 책을 집필했지만 그중에서도 1982년에 출간된 《메가트렌드Megatrends》라는 책에서 '메가트렌드'라는 용어를 처음 제시했어. 메가트렌드는 현대 사회에서 일어나고 있는 거대한 조류로 정의되는데, 탈공업화 사회와 글로벌화, 경제 분권화, 네트워크형 조직 등이 특징이라고 할 수 있어.

산업 사회는 점차 정보 사회로 변화하고, 국가 경제는 세계 경제로, 단기적 안목은 장기적 안목으로 변화할 거야. 그리고 집권적 조직은 분권적 조직으로, 계층 사회는 네트워크 사회로 변화할 것이지. 이미 우리에게 익숙한 사실이긴 하지만, 이런 전 세계의 메가트렌드 방향을 예견한다는 것은 조직적이고 체계적인 방법론을 기반으로 하고 있어. 예를 들면, 디지털 기술, 사회 변화, 환경, 국제 정세, 안전, 기후 변화 등 다양한 요소를 고려해야 하는 복잡한 과정이지.

그림 7-1 존 나이스비트

존 나이스비트는 우리 사회의 거대한 흐름을 메가트렌드라고 정의하고 그 특징을 제시했던 거구나. 흥미롭다. 다음으로 레이 커즈와일의 특이점 이론은 어떤 것인지 알고 싶어.

미래학자이자 구글 엔지니어 이사인 레이 커즈와일은 2007년에 《특이점이 온다》를 출간하며 '특이점Singularity' 이론을 처음 언급했어. 여기서 특이점이란 기술이 인간을 넘어서 새로운 문명을 낳는 시점을 의미해.

그는 유전공학, 나노 기술, 로봇공학, 인공지능 등의 기술이 혁명적으로 발전해 인류 문명이 생물학적 수준을 넘어서는 순간이 올 것이라고 예측했어. 즉 유전공학을 통해 생물학의 원리를 파악하고 그것을 나노 기술을 통해 자유자재로 조작하게 될 것이라고 본 거야. 이런 일이 가능해지면 신체의 모든 부분을 인공으로 만들 수 있고, 인간은 사실상 신과 다름없는 존재가 된다고도 볼 수 있지. 그리고 정신 영역, 지금까지는 기계가 감히 넘볼 수 없을 것이라 여겨졌던 그 영역까지 인공으로 만드는 게 가능해지면 그때는 결국 인공지능이 인간을 뛰어넘는 순간이 도래할 것이라고 보는 거야. 이 지점은 순식간에 찾아올 것이고, 물질계를 인공지능이 통제하게 된다는 것은 문명이 생물학적 인간의 손아귀를 벗어난다는 의미와 같아.

레이 커즈와일은 기술은 발전할수록 가속도가 붙는다는 점을 고려해 2043년경에는 특이점을 통과할 것이라고 주장해. 또한 여러 ICT 기술을 기반으로 서로 다른 분야 간 경계가 허물어지는 융합의 시대가 일반화될 것이며, 이로 인해 미래 사회는 더욱더 복잡하고 극심한 변화를 맞이할 것이라고 보고 있지. 이러한 과정을 통틀어 '특이점의 도래'라고 부르고 있어.

그림 7-2 레이 커즈와일

그러니까 레이 커즈와일에 따르면 2043년쯤에는 인공지능이 인간을 뛰어넘게 될 거라는 거구나. 이 말을 들으니 앞으로 변화할 미래를 대비해 무언가를 해야 할 것 같아. 당장 눈앞에 다가오는 미래를 나는 어떻게 준비하면 좋을까?

지금 네가 하는 고민에 토마스 프레이의 미래 예측이 도움이 될지도 모른다는 생각이 들어.

토마스 프레이? 그 사람은 누구고, 또 어떤 얘기를 했어?

토마스 프레이는 다빈치연구소 소장이자 2006년 구글이 선정한 미래학 분야 최고의 석학이며, 전 세계 상위 0.1% 천재들의 모임인 '트리플 나인 소사이어티Triple Nine Society'에 소속되어 있어. 토마스 프레이는 《미래와의 대화》라는 저서를 통해 근미래를 예측했고 그가 작성한 미래 보고서는 미 항공우주국 같은 기관을 비롯해 기업들의 정책에도 영향을 미쳤다고 해. 그중 가장 주목을 받은 내용은 2030년까지 20억 개의 직업이 사라진다는 내용이었고, 그 외에도 해당 보고서에는 한반도가 5년 이내 통일될 것이라는 예측 등 사람들의 관심을 끄는 내용이 많았어.

토마스 프레이는 앞으로 부상할 일자리와 능력을 14가지로 구분하고 약 120가지 미래 직업을 예시로 들었는데 지금은 없는 직업들도 상당히 많아. 그의 말에 따르면 주요 미래 직업군은 빅데이터, 드론, 3D 프린터, 무인 자동차 활용 분야 등이라고 해.

그림 7-3 토마스 프레이

우짱

토마스 프레이는 미래에 어떤 직업이 떠오를지 예측했구나. 그런데 그가 소장으로 있는 다빈치연구소는 뭘 하는 곳이야? 연구소 이름만 봐서는 전혀 짐작이 안 가.

닥터봇

토마스 프레이는 현재 다빈치연구소에서 '마이크로 대학Micro College'을 운영 중이야. 마이크로 대학은 3개월이라는 짧은 기간 동안 실험적인 교육 과정을 가르치는 대학으로, 오늘날 변화 속도가 너무 빨라 4년제 대학으로는 사회가 원하는 인재상을 배출할 수 없을 거라는 예측에 기반해 만든 과정이라고 해. 미래 일자리 변화에 대한 대안으로써 실무에서 쓰이는 전문 기술을 빠르게 교육하고 바로 일자리에 투입시키는 식의 직업 교육인 거지.

우짱

단순히 미래를 예측하고 끝내는 것이 아니라 다가올 미래를 대비해 노력하고 있는 거구나. 정말 멋지다. 다른 미래학자들이 예측하는 미래도 알고 싶어.

앞에서 이야기한 3명의 미래학자 외에도 많은 학자가 미래 사회를 전망하고 있어. 예를 들자면 가상현실 사회, 인공지능 사회, 드림 소사이어티, 하이콘셉트·하이터치, 프로슈머 경제, 바이오 경제 등이 있지.

그림 7-4 미래학자들이 전망하는 미래 사회의 모습

가상현실 사회 제롬 글렌Jerome C. Glenn	모든 사람이 '사이버 나우Cyber Now'라 불리는 특수 콘택트렌즈와 특수 의복으로 24시간 사이버 세상과 연결됨.
인공지능 사회 윌리엄 할랄William Halal	앞으로는 가치나 목표, 지각이 중요한 '영감의 시대'가 될 것.
드림 소사이어티 롤프 옌센Rolf Jensen	이성, 과학, 논리가 지배하는 시기에서 탈피해 상상력과 감성이 중요한 드림 소사이어티로 진입.
하이콘셉트·하이터치 다니엘 핑크Daniel Pink	예술적, 감성적 아름다움을 창조하는 하이콘셉트, 공감을 이끌어내는 능력인 하이터치 능력을 갖춘 인재 필요.
프로슈머 경제 앨빈 토플러Alvin Toffler	프로슈머가 향후 경제 체제를 더욱 혁신적으로 바꾸고 부를 창조할 것.
바이오 경제 스탠 데이비스Stan Davis	정보 기술과 바이오 관련 기술이 융합되어 창조된 바이오 경제로 나아갈 것.

이 사람들이 공통적으로 강조하는 건 미래에 ICT 기술이 매우 중요한 역할을 한다는 거야?

정확해. 미래 사회는 정보 사회의 대안이 아닌 진화 형태로 나아갈 거야. 현재의 정보 사회가 고도화되면서 시공간 지식 관계가 확장됨에 따라 새로운 가능성이 형성되거나 핵심 가치가 변화하는 모습을 보일 것이라는 의미야. 지금까지의 혁명에서 사회의 패

러다임을 뒤바꾼 기술이 있었듯이 미래 사회 변화의 바탕에는 ICT 기술이 자리할 거야. ICT 기술이 바이오 나노 기술, 여타 과학 기술과 융합해 삶의 형태를 바꾸는 데 일조할 것이라는 거지.

혹시 그런 미래 사회의 근간이 되는 기술을 예측하는 곳이 있을까?

한 예로, 미래학자 윌리엄 할랄의 미래 기술 예측 사이트인 '테크캐스트[TechCast]'에서는 기술이 발전하여 모든 세상이 온라인으로 연결되고 매우 고도화되어 현명한 사회를 이끌 것이라고 전망하고 있어. 테크캐스트에서 정의한 20년간의 기술 발전 시나리오를 보면, 2010년까지는 온라인 시대를 거치며 정보 시스템 및 전자상거래 등이 지속적으로 발전하다가 2014년에 이르러 전 세계 대부분의 사람이 지능형 기기를 갖고 다니게 된다고 해. 실제로 스마트폰 같은 기기를 통해 자동 번역, 질의응답 서비스를 제공받는 하이테크 시대로 변모했지.

그리고 2020년대에 진입하면 그린 비즈니스, 즉 대체 에너지 같은 지속 가능성 기술이 발전하고 인공지능이 생활에 도입되면서 차세대 컴퓨팅으로 원격의료, 가상 교육이 가능한 전자 정보 발전이 가속화될 것이라고 해. 또한 바이오테크가 개인화되면서 약품이나 유전 치료 요법 등이 비약적으로 발전해 인간의 평균 수명이 많이 늘어날 것이라고 보고 있지.

테크캐스트는 이후 2030년 정도가 되면 지구상의 위기에 대한 전 세계적 자각이 일어날 것이라고 보고 있어. ICT 기술을 기반으로 한 정보 기술의 진보는 생태학적 재난에 따른 기후 변화를 방치하지 않고 진보된 에너지 기술의 발전과 협업을 이룰 것이고, 여기에는 국가 간 협력이 필요함을 예측했지. 결국 앞으로의 변화는 ICT 기술을 근간으로 하며 사람이 가진 상상력에 의해 촉진될 것으로 전망할 수 있어.

1.2 십 대가 상상하면 미래가 된다

상상한 것이 미래에는 현실이 된다니 정말 놀라워. 그런데 이런 상상을 한 사람들은 엄청난 학자들이거나 전문가들인데 나와 같은 학생들이 상상하는 것도 의미가 있을까?

당연하지. 하나 예를 들어 볼까? 《3001 최후의 오디세이》의 작가 아서 클라크는 자신의 책에서 우주정거장과 연결된 튜브 엘리베이터를 상상해 적어 놓았어. 그런데 그 내용을 본 미국의 NASA가 감명을 받았고 실제로 개발에 착수했지.

우와, 그냥 소설책에 있던 창의적인 상상이 실제 기술 개발로 이어진 거네? 정말 멋지다!

이 일화를 통해 우리가 알 수 있는 중요한 한 가지는 창의적인 상상이 미래를 예측하는 일이 되기도 한다는 거야. 우짱, 너도 상상하는 걸 좋아하지 않니?

물론 좋아하지만…. 네가 이야기한 것처럼 미래를 예측하는 것은 정말 어려운 일이잖아. 내가 어떻게 미래를 예측할 수 있을까?

미래에 어떤 일이 일어날까를 예상하는 것은 우리가 무엇을 원하는지 알아내는 것에서 출발해. 미래에 무엇이 필요할 것인지를 다른 사람들보다 먼저 알아내고 대응하는 것, 이것이 바로 앞으로의 경쟁력을 유지하고 확보하기 위한 전략의 출발점이지.

그러면 나도 사람들이 무엇을 원하고, 또 어떻게 발전해 나가길 바라는지 곰곰이 생각해 볼게. 혹시 그 과정에서 내가 알아 두어야 할 점이 있을까?

지금까지 이야기한 것과 같이 여러 기술이 탄생하기 전에 인간의 상상력이 먼저 있었다는 점을 꼭 기억하길 바라. 오늘날은 내가 배우고 잘하는 분야가 공학, 의학, 기술이 아니라고 할지라도 이러한 상상력을 기반으로 해당 분야에 모티브와 영감을 주고 협업해서 나아갈 수 있는 융합의 시대이거든. 우리는 지금 인문, 예술, 공학, 사회, 경제가 모두 융합된 시대에 살고 있고, 그 근간에는 가장 중요한 사람의 상상력이 있는 것이지.

상상력이 정말 중요한 시대구나. 아서 클라크는 자신의 상상을 책에서 펼쳤다고 했는데, 책 말고도 내 상상력을 펼칠 만한 또 다른 방법이 있을까?

방법은 무궁무진해. 한 가지 예를 들자면, 친구들과 소통하면서 어려운 문제를 해결하며 창의력을 기를 수 있는 대회가 있어. 바로 특허청에서 주관하는 '대한민국 학생창의력 챔피언 대회'야. 이 대회에서는 팀마다 해결해야 할 문제를 주고 팀을 이룬 청소년들

이 이 문제를 함께 창의적으로 해결해 나가는 것을 중요 평가 기준으로 두고 있다고 해.

물론 이런 대회뿐만 아니라 직접 창의적인 콘텐츠를 제작해 온라인에 공유하는 방법도 있어. 예를 들어, 유튜브 영상 콘텐츠를 제작해 보는 것도 한 가지 좋은 방법이지. 실제로 몇몇 청소년문화센터에서는 청소년을 대상으로 유튜브 크리에이터 교육을 하기도 하니까 적극적으로 찾아보면 꽤 도움이 될 거야.

우짱

친구들과 팀을 이뤄 대회에 참여하면 정말 재밌을 것 같아! 청소년 대상 크리에이터 교육이 있다는 것도 굉장히 흥미롭고 말이야. 지금 네가 말해 준 내용들을 잘 참고할게. 알려 줘서 고마워, 닥터봇!

상상을 현실로 바꾸는 SW

2.1 현실과 미래를 만드는 기업의 상상력

우짱

닥터봇, 상상이 현실이 된 최근의 사례가 있어? 상상력이 필요하다는 건 알겠는데, 한편으로는 상상이 진짜로 미래가 되는지 의구심이 들기도 하거든.

닥터봇

오늘날 기업들이 성장해 온 과정이나 그들이 상상했던 현실과 미래를 보면 상상력이 우리 사회를 이끌어 간다는 것을 확신할 수 있어. 대표적인 기업들의 사례를 바탕으로 쉽게 설명해 볼게. 혹시 '시스코Cisco'에 대해 들어 본 적 있니?

우짱

응, 시스코는 화상회의 플랫폼인 '웹엑스Webex'의 회사잖아. 코로나-19 때문에 그동안 온라인 수업이나 화상회의에 줌, 구글 미트, 웹엑스 같은 프로그램을 많이 활용해 봐서 알고 있어.

닥터봇

맞아, 바로 그 시스코는 네트워크 장비 전문 회사이고 2000년 초부터 10년, 20년 뒤의 미래를 상상하며 기업을 운영했다고 해. 지금은 많은 사람이 집 밖에서 휴대폰으로 세탁기나 에어컨을 켜거나 끄지? 하지만 시스코는 2000년 초부터 그런 상상을 했어. 그 당시 시스코에서 만든 한 영상을 보면 회사의 상사가 퇴근을 하면서 직원에게 사무실 전원 소등을 부탁하는데, 직원이 앉은 자리에서 원격으로 조절하는 모습이 나타나. 이런 게 지금이야 익숙한 모습이지만 2000년대 초에는 그렇지 않았어. 그 점을 생각해 보면 시스코가 먼저 상상을 펼치고 기술을 발전시켜 나갔다는 걸 알 수 있지.

그림 7-5 시스코 광고

또한 시스코는 온라인 원격 교육 또는 회의 시스템을 오래 전부터 상상한 기업으로, 2000년대부터 원격 통신 및 가상현실과 관련된 상상을 펼쳤어. 그때 시스코에서 발표한 동영상을 보면 한 여성이 매장에서 옷을 직접 입는 대신 가상의 피팅룸에서 여러 옷을 입어 보는 모습이 나타나. 그리고 그 영상 속의 모습은 실제로 오늘날 가상현실을 통해 구현되고 있지.

우리나라에도 이런 사례가 있을까?

물론이지. 해외의 기업뿐 아니라 우리나라 기업들도 현실과 미래를 이끌어 가는 원동력으로 '상상력'을 활용했어. 그 대표적인 사

례가 바로 삼성전자야. 삼성전자는 2011년부터 미래 비전 영상을 제작하고 있어. 삼성전자가 개발 중인 디스플레이를 일상에 접목해 미래 생활상이 어떻게 변화할지를 보여 주고 있지. 2014년에 발표한 한 영상에서는 영화에나 나올 것 같은 홀로그램이나 디스플레이 화면이 등장해. 삼성전자로부터 펼쳐질 미래 디스플레이 기술과 모바일 기술, 글로벌 IT 기업으로서 한 영역을 차지하고 기술을 선도해 나가는 삼성전자의 모습이 나타나 있지.

그림 7-6 삼성전자 광고

우짱

그렇구나. 그런데 앞에서 말한 시스코나 삼성전자 같은 IT 기업 말고 다른 산업의 사례는 없어?

닥터봇

지금까지 소개한 기업들이 IT 기업이라서 IT 기술을 가진 기업만 이러한 상상을 하는 것처럼 보이지만, 꼭 그런 건 아니야. 우리나라의 현대자동차만 봐도 미래의 자동차를 상상하고 있다는 걸 알 수 있지.

현대자동차는 미국 라스베이거스 컨벤션센터에서 열린 세계 최대 IT 전시회인 CES 2020에서 인간 중심의 미래 도시 구현을 위한 혁신적인 미래 모빌리티 비전을 공개했어. 자동차를 비행체와 결합해 도심에서 하늘 길을 이용할 수 있는 '도심 항공 모빌리티UAM, Urban Air Mobility', 운전자 없이 스스로 운전이 가능한 자율주행 차량이 중심이 되는 '목적 기반 모빌리티PBV, Purpose Built Vehicle', 여러 차량이 환승이 가능한 '모빌리티 환승 거점Hub'을 상상하면서 미래 모빌리티 솔루션을 제시한 거야. 즉 현대자동차는 스마트 모빌리티가 미래 도시 전역에 설치될 허브와 연결돼 하나의 커다란 모빌리티 생태계를 형성한다고 강조한 것이지.

그림 7-7 현대자동차의 미래 모빌리티 비전

2.2 청소년을 위한 SW 교육

우짱

닷터봇, 변화하는 세상 속에서 나도 중요한 역할을 하는 사람이 되고 싶어. 미래에 나는 어떤 직업을 가질 수 있을까?

닥터봇

어떤 직업을 선택해야 할지 고민이 많지? 그렇다면 토마스 프레이가 제시한 미래 직업을 참고해 보면 어떨까? 앞서 말했듯이 토마스 프레이는 앞으로 떠오를 일자리와 능력을 14가지로 구분했어. 일자리 전환 매니저, 팽창주의자, 극대화 전문가 등 지금 우리가 듣기에는 생소한 일자리도 미래에는 중요한 역할을 할 거라고 해.

그림 7-8 앞으로 부상할 일자리와 능력 14가지

❶ 일자리 전환 매니저(Transitionist)	❽ 백래셔(Backlasher)
❷ 팽창주의자(Expensionist)	❾ 라스트마일러(Last Miler)
❸ 극대화 전문가(Mazimizer)	❿ 콘텐스추얼리스트(Contextualist)
❹ 최적화 전문가(Optimizer)	⓫ 윤리학자(Ethicist)
❺ 변곡점 전문가(Inflectionist)	⓬ 철학자(Philisopher)
❻ 현존산업종료가(Dismantler)	⓭ 이론가(Theorist)
❼ 피드백루퍼(Feedback Looper)	⓮ 기록자(Legacist)

일자리 전환 매니저! 우리 사회가 변하면서 기존 직업이 사라지고 새로운 직업이 생겨날 때 사람들이 고민이 많을 텐데 그때 도움을 주는 사람이 있으면 정말 좋을 것 같다는 생각이 들어.

맞아, 그런 점에서 일자리 전환 매니저는 미래에 반드시 필요한 직업일 거야. 그리고 이 14가지 일자리 및 능력과 더불어 토마스 프레이는 미래에 부상할 직업 120개가량을 함께 제시했는데 그중 빅데이터, 드론, 3D 프린터, 무인 자동차 분야에서 주요 직업을 추려서 보면 다음과 같아.

그림 7-9 미래학자 토마스 프레이가 제시한 주요 미래 직업

빅데이터 활용 분야	드론 활용 분야
•데이터 폐기물 관리자 •데이터 인터페이스 전문가 •컴퓨터 개성 디자이너 •데이터 인질 전문가 •개인정보 보호 관리자	•드론 분류 전문가 •드론 조종인증 전문가 •환경오염 최소화 전문가 •악영향 최소화 전문가 •드론 표준 전문가 •드론 도킹 설계자 및 엔지니어 •자동화 엔지니어
3D 프린터 활용 분야	**무인 자동차 활용 분야**
•3D 프린터 소재 전문가 •3D 프린터 비용 산정 전문가 •3D 프린터 잉크 개발자 •3D 프린터 패션 디자이너 •3D 음식 프린터 요리사 •신체 장기 에이전트 •3D 비주얼 상상가	•교통 모니터링 시스템 플래너, 디자이너, 운영자 •자동 교통 건축가 및 엔지니어 •무인 시승 체험 디자이너 •무인 운영시스템 엔지니어 •응급상황 처리 대원 •충격 최소화 전문가 •교통 수요 전문가

미래 산업

우짱

미래에는 정말 다양한 직업이 나타날 것으로 전망되는구나. 그러면 나 같은 학생들은 어떤 것을 공부하고 준비해야 할까?

닥터봇

앞서 이야기한 것처럼 첫 번째로 중요한 것은 바로 상상력이야. 특히 여러 분야의 지식을 융합하면 매우 창의적인 상상이 될 수 있겠지? 이러한 역량을 갖추기 위해 요즘 강조되고 있는 분야가 SW 교육이야.

우짱

SW 교육? 그게 어떤 교육인데?

닥터봇

SW란 소프트웨어Software의 줄임말인데, 너 같은 학생들이 어렸을 때부터 소프트웨어 또는 빅데이터 등을 다루는 교육을 받아야 우

리 사회가 변화하는 미래를 대비할 수 있다고 해. 그래서 우리나라뿐 아니라 미국 등 다양한 선진국에서도 이 교육에 집중하고 있어. 2012년 우리나라의 지식경제부라는 국가기관에서 국내 SW 전문 인력이 필요한 곳을 분석해 발표한 내용을 살펴보면, 2011년부터 2015년까지 SW 전문 인력이 약 20만 명에 이를 것으로 분석했다고 해. 그리고 그 발표로부터 10년도 더 지난 지금 시점에는 SW 전문 인력의 수요가 훨씬 더 커진 상황이야.

우짱

오늘날 SW 교육은 개인뿐만 아니라 국가 차원에서도 중요한 교육인 거구나. 닥터봇, 혹시 우리나라 SW 교육 사이트들 중에서 내가 참고할 만한 사이트가 있을까?

닥터봇

몇 가지 예를 들자면 먼저 네이버가 지원하고 있는 공공 SW 교육 플랫폼 '**엔트리**'가 있어. 여기서는 소프트웨어에 대해 배우면서 실제로 만들 수 있다고 해. 그리고 친구들과 공유할 수 있는 환경을 제공하고 있어서 더욱 재미있게 코딩을 학습할 수 있어.

두 번째로 이것도 네이버에서 진행하고 있는 SW 교육 캠페인인데 바로 '**소프트웨어야 놀자**'야. 우리나라의 최고 전문가들이 모여서 만든 SW 교육 자료를 무료로 제공하고 있어서 학습하는 데 매우 편리하다는 장점이 있지.

세 번째로 과학기술정보통신부라는 국가기관에서 운영하고 있는 '**SW 중심 사회**'라는 플랫폼은 특정 학교, 회사, 개발자가 아니라 일반인들도 쉽게 사용할 수 있도록 이용자에 따른 맞춤형 정보를 제공하고 있다고 해.

이 외에도 엘리스, 구름edu 등 다양한 교육 플랫폼이 있어.

구분	대상	수준	특징
Junior SW	초·중학생	입문자	• NIPA, 경인교대 주관 • 동영상 및 플래시 강좌
소프트웨어야 놀자/엔트리	초·중학생	입문자	• 엔트리와 연동하여 실습 제공 • 1개 언어(엔트리) 지원
OLC	대학생, 재직자	초급자, 중급자	• NIPA와 KOSSA 주관 • 과기부에서 운영하는 오픈소스 교육 사업 • 강좌 및 오프라인 행사 동영상 제공
ODIY	중학생	초급자	• 한국과학창의재단 주관 • 초소형 컴퓨터 학습 목적
생활 코딩	대학생, 재직자	초급자, 중급자	• 개인이 운영하는 비영리 사이트 • 포스팅 형식의 공개강좌 • 어르신들을 위한 효도코딩 운영
아이티동스쿨	대학생, 재직자	초급자, 중급자	• 인터넷 강의 전문사이트 • 컴퓨터 관련 자격증 강의도 제공

우짱

우와, 국내에 이렇게 다양한 SW 교육 플랫폼들이 있는 줄은 몰랐어. 네가 알려 준 덕분에 앞으로 나도 친구들과 함께 SW를 재밌게 공부할 수 있을 것 같아. 고마워, 닥터봇!

읽을거리

<오징어 게임>은 어떻게 만들어졌을까? 미디어 시장의 새로운 흐름을 만드는 넷플릭스

그림 7-10 콘텐츠 소비의 새로운 장을 만든 넷플릭스

전 세계인의 텔레비전이 되기까지 넷플릭스가 걸어온 길

넷플릭스는 '인터넷Net'과 '영화Flicks'를 합친 합성어로, 전 세계 약 190개국에서 2.1억 명의 회원을 보유한 스트리밍 엔터테인먼트 기업입니다. 또한 영화, 드라마, TV 프로그램, 다큐멘터리, 애니메이션 등 매우 다양한 장르의 콘텐츠를 보유하고 있는 거대 OTT 기업입니다. 이러한 넷플릭스는 1997년 미국의 캘리포니아에서 '리드 헤이스팅스'와 '마크 랜돌프'가 영화를 꼭 영화관에서만 보지 않아도 되지 않을까 생각한 것을 발단으로 시작되었습니다.

넷플릭스 창립자 중 한 명인 랜돌프는 당시 신생 기업이었던 미국의 거대 커머스 회사 '아마존'을 보며 감탄했고, 아마존과 비슷한 모델을 통해 어떤 종류의 간편 제품을 인터넷으로 판매할 수 있는지 연구했습니다. 처음에는 VHS 비디오테이프를 고려했는데 너무 비싸고 배송하기도 어려워 이를 포기하고 그 대신

DVD라는 저장 매체에 관심을 가졌습니다. 그에 따라 1998년 넷플릭스는 세계 최초 온라인 DVD 대여 서비스를 개시하여 발전을 거듭해 오다가 2007년 미국에서 처음으로 온라인 스트리밍 서비스를 개시했습니다. 그리고 2010년부터 지금에 이르기까지 다양한 국가에 진출해 매우 흥미롭고 유명한 콘텐츠를 온라인으로 배포하기에 이르렀습니다. 특히 코로나-19를 기점으로 넷플릭스를 통해 영화, 드라마, 예능 등의 콘텐츠를 소비하는 문화가 대중적으로 퍼졌고 현재는 넷플릭스 없이 다양한 콘텐츠를 즐기기 어려운 상황입니다.

창의적인 콘텐츠 제작의 저력, 넷플릭스의 조직문화

지금까지 소개한 기업들과 마찬가지로 넷플릭스 역시 그들만의 특별한 조직문화를 가지고 있습니다. 넷플릭스는 그들을 '즐거운 세상을 만들고자 노력하는 사람들'이라고 생각합니다. 세상 어떤 곳에서든 훌륭한 이야기를 만들고, 전 세계 시청자들이 더 자유롭게 폭넓은 선택을 할 수 있도록 노력하고 있기 때문입니다. 넷플릭스는 다음 다섯 가지를 중시합니다.

❶ 직원의 의사 결정을 장려합니다.

❷ 정보를 공개적으로, 널리, 적극적으로 공유합니다.

❸ 솔직하게, 그리고 직접적으로 소통합니다.

❹ 성취도가 높은 사람으로만 팀을 꾸립니다.

❺ 규칙을 지양합니다.

특히 넷플릭스가 중요하게 생각하는 것은 유능한 인재와 함께 더욱 창의적이고 생산적인 방식으로 일하는 것입니다. 그러므로 '절차보다 사람'을 핵심 철학으로, 훌륭한 인재가 팀이 되어 함께 일하는 환경을 조성하기 위해 노력합니다. 나아가 그들은 판단력을 가진 사람, 헌신적인 사람, 용기 있는 사람, 소통에 열려 있는 사람, 진실한 사람, 열정이 있는 사람, 혁신적인 사람, 호기심을 가진 사람을 그들의 인재상으로 여기고 이에 적합한 사람을 채용합니다.

넷플릭스의 조직문화에서 가장 강조하는 것은 바로 '자유와 책임'입니다. 예를 들어, 넷플릭스는 사내에서 문서를 널리, 체계적으로 공유해 동료들이 그것을 읽고 의견을 남길 수 있도록 합니다. 해당 문서에는 각 타이틀의 성과 및 전략 결정, 제품 기능 테스트에 관한 문서가 포함되기 때문에 정보 유출의 위험이 있습니다. 그럼에도 불구하고 직원들이 정보에 쉽게 접근하고 다룰 수 있을 때 생기는 이점을 극대화하기 위해 넷플릭스는 위험을 감수하면서도 이러한 방식을 취하는 것입니다.

또한 넷플릭스에는 출퇴근 시간, 휴가 일정이나 연차 개수, 출장 비용 처리 등에 관한 규칙이 존재하지 않습니다. 즉 규칙 없음No Rules이 넷플릭스의 규칙이며, 이를 통해 직원들에게 최대한 자율성을 보장하는 것입니다. 자유가 부여된 만큼 그 책임도 본인이 지는 조직문화 속에서 직원들은 자유로움으로 창의력을 얻는 동시에 업무에 책임감을 가진 조직원이 될 수 있습니다.

그림 7-11 넷플릭스가 자유와 책임 문화를 강조하는 이유

넷플릭스에서는 고위관리직이라 하더라도 의사 결정에 미치는 영향이 유달리 크지는 않습니다. 다양한 조직원들의 의견을 종합하기 때문에 말단에 있는 직

원이라도 충분히 의사 결정 과정에 참여해 자신의 목소리를 낼 수 있습니다. 그들은 위계 체계가 단순할수록 변화에 민첩하게 대응할 수 있다고 믿습니다. '통제 대신에 맥락을 공유'하는 문화는 리더가 다수의 직속 부하를 관리하면서 각 부하 직원이 충분한 자율성을 바탕으로 마음껏 역량을 발휘할 수 있도록 할 때 가장 효과적으로 작동합니다. 이처럼 회사가 커질수록 발생할 수 있는 형식적인 관행을 없애고, 자율과 공감할 수 있는 맥락 속에서 조직원들이 역량을 마음껏 펼칠 수 있도록 한 조직문화는 넷플릭스가 지금까지 우리에게 즐거운 콘텐츠를 제공하는 데 큰 역할을 했다고 할 수 있습니다.

넷플릭스의 글로벌 콘텐츠 분업화 전략

2010년대 후반부터 한국의 많은 콘텐츠가 넷플릭스를 통해 제작되기 시작하면서 기존에는 볼 수 없던 다양한 스타일의 작품들이 등장했습니다. 그리고 한국에서 만들어진 넷플릭스 영화와 드라마들은 국내뿐 아니라 세계적으로도 주목받으며 붐을 일으켰습니다. 특히 제74회 에미상 시상식에서 수상한 〈오징어 게임〉이 세계적으로 큰 파장을 일으켜 넷플릭스는 일반인을 대상으로 '오징어 게임'을 개최하기도 했습니다. 또한 미국 로스앤젤레스 시의회는 매년 9월 17일을 '오징어 게임의 날'로 선포했습니다.

오징어 게임 예고편
©https://www.youtube.com/watch?v=b96oSVw75lA

넷플릭스가 〈오징어 게임〉에서 주목한 것은 '통과 또는 탈락Pass or Fail'으로 이분화된 우리 사회의 규칙, 즉 '공정'의 코드였습니다. 넷플릭스는 서사극을 제작하기에 앞서 그 콘텐츠 안에 현지 관객들에게 매력적인 요소가 있는지, 그리고 전 세계의 관객이 그것에 공감할 수 있는지 판단합니다. 넷플릭스가 보기에 〈오징어 게임〉에서 공정이라는 키워드는 '현지의 관객들이 선호'하면서 '보편적인 매력'을 지닌 것이었습니다. 이러한 로컬-글로벌 코드의 결합은 넷플릭스가 콘텐츠를 생산하면서 일관되게 고수하는 '글로벌 콘텐츠 분업화' 전략의 원천입니다. 넷플릭스는 그 콘텐츠가 제작된 현지의 관객들이 선호하는 동시에 보편적인 매력을 지닌 주제(범죄, 가족, 사회적 불평등, 축구 등)에 기반한 시리즈를 매우 현명하게 만들어 가고 있습니다.

그림 7-12 창의적인 내용으로 성공한 넷플릭스의 〈오징어 게임〉

넷플릭스 공동 창업자인 리드 헤이스팅스의 인터뷰
©https://www.youtube.com/watch?v=tlhYn2xk5jc

그림 출처

003쪽, 1800~1900년대에 상상한 2000년대 생활상이 담긴 엽서
©https://historia.nationalgeographic.com.es/a/asi-pensaban-1900-que-seria-mundo-ano-2000_12922

026쪽, 그림 1-3 증강현실 구성 기술
– 눈 ©https://www.pexels.com/ko-kr/photo/834783/
– 현실세계 ©한국관광공사, https://www.gettyimagesbank.com/visitk/%EC%9D%B4%ED%83%9C%EC%9B%90%EA%B1%B0%EB%A6%AC/jv11320723

027쪽, 그림 1-4 증강현실의 영상 처리: 마커 기술
©https://www.researchgate.net

027쪽, 그림 1-5 증강현실의 영상 처리: 트래킹 기술
©https://sristi19.wordpress.com

028쪽, 그림 1-6 증강현실 디스플레이 종류
– HMD ©https://en.wikipedia.org
– NON HMD ©https://www.aircharterservice.ca
– 핸드헬드 장치 ©https://www.vrs.org.uk

030쪽, 그림 1-7 메타버스 유형
– 증강현실 ©https://pokemongolive.com/ko/
– 라이프로깅 ©https://websitetrendsbrands.files.wordpress.com/2012/09/nike-running.jpg
– 거울세계 ©https://upload.wikimedia.org/wikipedia/commons/2/20/Mirror_world.jpg
– 가상세계 ©https://nocutnews.co.kr/news/5593682

042쪽, 그림 1-8 메타버스 SNS 앱 파이두이다오
©http://www.dailychina.co.kr/3475

043쪽, 그림 1-9 모바일 미디어 플랫폼 틱톡
©https://url.kr/p6k9wo

044쪽, 그림 1-10 틱톡의 모회사 바이트댄스 창립자 장이밍
©https://url.kr/owkn1q

046쪽, 그림 1-11 틱톡의 기업문화
©https://url.kr/1zbt7s

063쪽, 그림 2-3 워드클라우드
©https://www.cnet.com

064쪽, 그림 2-4 워드클라우드 생성기
©http://wordcloud.kr/

065쪽, 그림 2-5 스마트서울 포털
©https://smart.seoul.go.kr

067쪽, 그림 2-6 오렌지3
©https://en.wikipedia.org/wiki/Orange_(software)

068쪽, 그림 2-7 메타버스의 선두 기업 중 하나인 메타
©https://www.techm.kr/news/articleView.html?idxno=96892

069쪽, 그림 2-8 메타의 여러 브랜드
- 페이스북 ©https://ko.m.wikipedia.org/wiki/%ED%8C%8C%EC%9D%BC:Instagram_logo_2016.svg
- 인스타그램 ©https://ko.m.wikipedia.org/wiki/%ED%8C%8C%EC%9D%BC:Facebook_f_logo_(2019).svg
- 왓츠앱 ©https://commons.wikimedia.org/wiki/File:WhatsApp.svg
- 오큘러스 ©https://commons.wikimedia.org/wiki/File:Logo_Oculus_horizontal.svg

070쪽, 그림 2-9 메타 CEO 마크 저커버그
©https://url.kr/od46ht

081쪽, 그림 3-3 알파고의 학습 방법
©https://gowizardry.com/

090쪽, 그림 3-4 달리2가 그린 '우주에서 말을 타고 있는 우주 비행사'
©https://openai.com/dall-e-2/

091쪽, 그림 3-5 달리2가 그린 '진주 귀고리를 한 소녀'
©https://openai.com/dall-e-2/

092쪽, 그림 3-6 더 넥스트 램브란트
©https://www.coart.nl

093쪽, 그림 3-7 딥드림 프로젝트
©https://deepdreamgenerator.com/

099쪽, 그림 3-8 인공지능 로봇 소피아
©https://www.wonderlandmagazine.com/

103쪽, 그림 3-9 혁신의 대명사 애플의 전 CEO, 스티브 잡스
©https://sgsg.hankyung.com/article/2021100188891

105쪽, 그림 3-10 애플의 독특한 조직문화
©https://blog.daum.net/blacksilk/13376799

118쪽, 그림 4-3 중국의 안드로이드 '지아지아'
©https://www.dailymail.co.uk

119쪽, 그림 4-4 아시모
©https://www.theverge.com

120쪽, 그림 4-5 키로보 미니
©https://newatlas.com

125쪽, 그림 4-6 아톰
©https://tezukaosamu.net

126쪽, 그림 4-7 중국 창세 신화
©국립중앙박물관, https://www.museum.go.kr/site/main/relic/search/view?relicId=435

127쪽, 그림 4-8 메소포타미아 창조 신화
©https://www.wikiwand.com

128쪽, 그림 4-10 그리스 신화 – 피그말리온
©https://commons.wikimedia.org

130쪽, 그림 4-14 영화 〈스타워즈〉에 등장하는 BB-8, R2-D2
©https://www.starwars.com

131쪽, 그림 4-15 영화 〈채피〉에 등장하는 학습형 로봇
©https://www.popsci.com

133쪽, 그림 4-16 영화 〈바이센테니얼 맨〉에 등장하는 로봇
©https://www.greatnetwork.com

134쪽, 그림 4-17 구글의 창업자 세르게이 브린, 래리 페이지
©https://www.bbc.com/korean/news-50654499

135쪽, 그림 4-18 에릭 슈미트
©https://economist.co.kr/2014/08/11/column/manpyeong/302671.html

136쪽, 그림 4-19 구글 일본 도쿄 오피스의 모습
©https://url.kr/r1kilx

138쪽, 그림 4-20 구글 안드로이드 코드 네임 변천사
©https://www.sitesbay.com/

145쪽, 그림 5-2 초창기 삼성 휴대폰
– UX 반영 전 ©https://vnexpress.net
– UX 반영 후 ©https://www.xataka.com

145쪽, 그림 5-3 2002년에 출시된 '이건희폰'
©https://www.pngwing.com

146쪽, 그림 5-4 2004년에 출시된 'CEO폰'
©https://m.cetizen.com/review.php?pid=636&q=view&vcat=5&pno=636&rno=2608&qv=rview

146쪽, 그림 5-5 2006년에 출시된 '비트박스폰'
©https://palmaddict.typepad.com

147쪽, 그림 5-6 2008년에 출시된 '애니콜 햅틱'
©https://lazion.com/2511288

147쪽, 그림 5-7 2011년부터 출시된 '갤럭시' 시리즈
©https://www.gsmdome.com

147쪽, 그림 5-8 2011년부터 출시된 '갤럭시 노트' 시리즈
©https://www.anandtech.com

148쪽, 그림 5-9 1994년: 통신 연결성을 강조하는 초창기 애니콜 광고
©https://www.youtube.com/watch?v=mnvGyq1rd4o

149쪽, 그림 5-10 1997년: 경량화를 강조하는 애니콜 광고
©https://www.youtube.com/watch?v=WJPch296_10

149쪽, 그림 5-11 1998년: 데이터 통신을 강조하는 LG 싸이언 광고
©https://www.ad.co.kr/ad/tv/show.cjsp?ukey=1338867

149쪽, 그림 5-12 1999년: 폴더폰을 강조하는 애니콜 광고
©https://www.youtube.com/watch?v=b3OnaBPnc4Q

150쪽, 그림 5-13 2000년대 초: 통화 대기시간 및 배터리 성능을 강조하는 산요 광고
©http://www.ad.co.kr/ad/tv/show.cjsp?ukey=1354835

150쪽, 그림 5-14 MP3 기능을 강조하는 애니콜 광고
©http://www.ad.co.kr

150쪽, 그림 5-15 컬러를 강조하는 싸이언 광고
©https://www.ad.co.kr/ad/tv/show.cjsp?ukey=1357289

151쪽, 그림 5-16 화소를 강조하는 팬택 광고
©https://www.youtube.com/watch?v=DmSnuFFKEz0

151쪽, 그림 5-17 각도 조절 기능을 강조하는 팬택 광고
©https://www.youtube.com/watch?v=GeS7ukb0xBc

151쪽, 그림 5-18 MP3 기능이 탑재된 휴대폰 광고
©https://www.youtube.com/watch?v=0KQwp9Fi6tg

153쪽, 그림 5-19 애니콜 가로본능 휴대폰 광고
©https://www.youtube.com/watch?v=ajPAoHaAQcQ&feature=youtu.be

154쪽, 그림 5-20 영상 촬영 기능을 강조한 애니콜 광고
©https://www.youtube.com/watch?v=8rRa05qbbKw

155쪽, 그림 5-21 트루컬러 기능을 강조한 휴대폰 광고
©https://www.ad.co.kr/ad/tv/show.cjsp?ukey=1361096

156쪽, 그림 5-22 삼성의 폴더블 기술
©https://images.chosun.com/resizer/vplA3expCBAKuEXonyNbrA_vhPg=/616x0/smart/cloudfront-ap-northeast-1.images.arcpublishing.com/chosun/72QU6QXHIBAYHP54QUPJ47W34I.jpg

157쪽, 그림 5-23 삼성의 슬라이더블 기술
©https://zdnet.co.kr/view/?no=20220928024446

157쪽, 그림 5-24 LG의 듀얼 스크린폰 V50
©http://live.lge.co.kr/wp-content/uploads/2019/04/v50_main.png

158쪽, 그림 5-25 애플의 폴더플 스마트폰 개발
©https://www.youtube.com/watch?v=DmSnuFFKEz0

158쪽, 그림 5-26 화웨이의 폴더블폰과 자체 OS
©https://www.notebookcheck.net

159쪽, 그림 5-27 레노버의 폴더플 기술
©https://www.xda-developers.com

159쪽, 그림 5-28 TCL의 롤러블폰
©https://www.slashgear.com

169쪽, 그림 5-29 화투 회사로 시작된 닌텐도
©https://bulgom119.tistory.com/589

170쪽, 그림 5-30 닌텐도 게임보이의 아버지, 요코이 군페이
©https://url.kr/vb9178

172쪽, 그림 5-31 닌텐도 게임보이의 역사
©http://egloos.zum.com/delpini/v/2330087

173쪽, 그림 5-32 닌텐도의 성장을 이끈 포켓몬고
©https://pokemongolive.com/ko/

174쪽, 그림 5-33 포켓몬 열풍, 포켓몬 빵과 포켓몬 김
- 포켓몬 빵 ©https://www.mk.co.kr/economy/view.php?sc=50000001&year=2022&no=275468
- 포켓몬 김 ©https://news.mt.co.kr/mtview.php?no=2022090108505812220

179쪽, 그림 6-1 알렉산더 베인과 팩스의 시초
- 알렉산더 베인 ©https://en.wikipedia.org
- 팩스의 시초 ©https://www.alamy.com

180쪽, 그림 6-2 파울 닙코의 주사판
©https://gebseng.com/11_big_paul/big_paul_brochure.pdf

181쪽, 그림 6-3 브라운관 개발
©https://commons.wikimedia.org

181쪽, 그림 6-4 최초의 기계식 텔레비전 시험 방송
©https://www.arshake.com

182쪽, 그림 6-5 전자식 브라운관 텔레비전 개발
©https://www.sfgate.com

184쪽, 그림 6-6 컬러 브라운관 상용화
©https://www.earlytelevision.org

186쪽, 그림 6-7 베이어드 모델 B, 지디스크
– 베이어드 모델 B ©http://www.tvhistory.tv
– 지디스크 ©https://www.wired.com

187쪽, 그림 6-8 제니스 TV, 소노라-W
– 제니스 TV ©https://www.artstation.com
– 소노라-W ©http://www.tvhistory.tv

187쪽, 그림 6-9 모토로라 TV 광고
©https://vintage-ads.livejournal.com/1655385.html

189쪽, 그림 6-10 포놀라, 쿠바 코멧
– 포놀라 ©https://weburbanist.com
– 쿠바 코멧 ©https://mztv.com

190쪽, 그림 6-11 케라컬러오렌지, 마그나복스
– 케라컬러오렌지 ©http://www.tvfilmprops.co.uk
– 마그나복스 ©https://magnavoxhistory.com

190쪽, 그림 6-12 평판 디스플레이 TV
©https://scs-phinf.pstatic.net/MjAyMjA0MjZfMTE2/MDAxNjUwOTYyMTA5ODY4.9X9Fp06NNv48wFhV1ozv6_b9ggn04ZuGw1nLC8nznm8g.OOxtEr0gQ1XT9rwC1N9R3Lz6atglXLW8xVbFKDkyITwg.JPEG/teo_display_0.jpeg?type=w800

193쪽, 그림 6-13 한국 최초의 TV VD-191
©https://artsandculture.google.com

194쪽, 그림 6-14 금성의 샛별 텔레비전 광고
©https://www.youtube.com/watch?v=LWbE2g3qN30

195쪽, 그림 6-15 삼성전자 이코노 TV
©http://nt.interia.pl

196쪽, 그림 6-16 금성 TV 광고
©https://www.youtube.com/watch?v=6En0u3JzoXc

197쪽, 그림 6-17 삼성전자의 이코노 빅 TV 해외 수출
©https://mblogthumb-phinf.pstatic.net/20151119_273/ekhm50hu46_1447899325674zSeE5_JPEG/%C4%C3%B7%AF%BA%CE%B9%AE%BA%BB%BB%F3_%BA%CE%C3%D1%B8%AE%B0%E2_%B0%E6%C1%A6%B1%E2%C8%B9%BF%F8%C0%E5%B0%FC%BB%F3_1983.jpg?type=w2

198쪽, 그림 6-18 금성의 미라클 알파 TV 광고
©https://www.youtube.com/watch?v=v5QRTbNjPWI

201쪽, 그림 6-20 로지텍 레뷰 Lonely TV 광고 장면 1
©https://www.youtube.com/watch?v=2Ijnfr6ezf0

202쪽, 그림 6-21 로지텍 레뷰 Lonely TV 광고 장면 2
©https://www.youtube.com/watch?v=RDUjdMMbjDE

206쪽, 그림 6-23 1세대 애플 TV
©https://www.pocket-lint.com

207쪽, 그림 6-24 6세대 애플 TV
©https://medium.com

208쪽, 그림 6-25 구글의 크롬캐스트
©https://www.walmart.com

210쪽, 그림 6-26 LG의 GTV
©https://mblogthumb-phinf.pstatic.net/20140814_209/on_abc_1407999047961BJKSi_JPEG/%BF%A4%C1%F6%C6%BC%BA%F1.jpg?type=w2

211쪽, 그림 6-27 삼성전자의 에볼루션 키트
©https://www.dday.it

212쪽, 그림 6-28 삼성전자의 8K 스마트 TV
©https://www.techradar.com

213쪽, 그림 6-29 소니의 브라비아(BR AVIA)
©https://www.currys.co.uk

215쪽, 그림 6-31 LG의 롤러블 TV
©https://www.fonearena.com

216쪽, 그림 6-32 삼성의 갤럭시 롤러블
©https://blazetrends.com

217쪽, 그림 6-33 홀로그래피 기술과 AI 스피커의 결합
©https://www.digitaltrends.com

220쪽, 그림 6-34 마이크로소프트의 전 CEO, 빌 게이츠
©https://www.mk.co.kr/news/society/view/2020/08/875480/

221쪽, 그림 6-35 마이크로소프트 도스
©https://shineover.tistory.com/180

222쪽, 그림 6-36 Windows 11까지 발전한 마이크로소프트의 운영체제
©https://news.microsoft.com/ko-kr/2021/06/25/windows11_unveil/

224쪽, 그림 6-37 마이크로소프트의 조직문화
©https://blog.daum.net/blacksilk/13376799

224쪽, 그림 6-38 넷플릭스와 손잡은 마이크로소프트
©https://www.saladentreport.co.kr/news/articleView.html?idxno=724

225쪽, 그림 6-39 게임 분야 1인자가 된 마이크로소프트의 Xbox
©https://www.thisisgame.com/webzine/nboard/12/?n=113706

232쪽, 그림 7-1 존 나이스비트
©https://www.archyde.com

233쪽, 그림 7-2 레이 커즈와일
©https://www.inc.com

235쪽, 그림 7-3 토마스 프레이
©https://www.impactlab.com

242쪽, 그림 7-5 시스코 광고
©https://youtu.be/qoW9hh0m578

243쪽, 그림 7-6 삼성전자 광고
©https://youtu.be/XylvSIY0MTM

244쪽, 그림 7-7 현대자동차의 미래 모빌리티 비전
©https://evtol.com

249쪽, 그림 7-10 콘텐츠 소비의 새로운 장을 만든 넷플릭스
©https://url.kr/qa3lmz

251쪽, 그림 7-11 넷플릭스가 자유와 책임 문화를 강조하는 이유
©https://www.midashri.com/blog/netflix-culture

253쪽, 그림 7-12 창의적인 내용으로 성공한 넷플릭스의 〈오징어 게임〉
©https://imnews.imbc.com/newszoomin/newsinsight/6302607_29123.html

텍스톰 TEXTOM

언제, 어디서나 데이터 분석을 할 수 있는 솔루션

텍스톰은 웹 환경에서 데이터 수집 및 정제, 매트릭스 데이터 생성까지 처리할 수 있습니다.

01 수집Collecting: 실시간 대용량 데이터 수집

WEB과 SNS상의 다양한 채널의 데이터를 빠른 속도로 수집하여 데이터셋Data Set을 만들 수 있으며, 단계적인 처리 방식을 도입하여 데이터 큐레이션의 효율성을 높여 줍니다.

- 필요한 데이터를 빠르게 수집
- 특성에 맞는 세분화된 채널 선택
- 원하는 수집 채널 추가

02 저장Storage: 대용량 데이터 저장

텍스톰은 데이터의 효율적인 저장·관리를 돕는 분산파일 처리 시스템 하둡Hadoop을 기반으로 하여 대용량 파일 보관에 뛰어납니다.

- 수집·정제·분석된 데이터의 저장과 관리를 위한 분산파일 시스템과 NoSQL 기능 구현
- 데이터의 효율적인 선택과 실시간 분석을 위한 데이터 색인 기능 제공

03 정제Cleaning: 빠르고 정확한 데이터 처리 및 정제

수집 데이터뿐만 아니라 분석자가 가진 보유 데이터도 처리할 수 있는 2 way 정제/분석이 가능하며 베이지안 분류기를 통한 기계학습 기법의 감성 분석이 가능합니다.

- 한국어·영어·중국어 기반의 빠르고 정확한 형태소 분석
- 조사 및 특수문자의 탁월한 처리
- N-gram, TF-IDF, Topic Modelling 등 다양한 분석값 제공

04 분석Analysis: 다양한 통계분석 프로그램을 연계한 심층 분석

다양한 통계분석 프로그램과 연계하여 심층 분석이 가능하도록 호환성 높은 데이터를 제공합니다.

- 베이지안 분류기를 통한 기계학습 기법의 감성 분석
- 텍스트 본문의 의미구조 발견, 토픽 분석

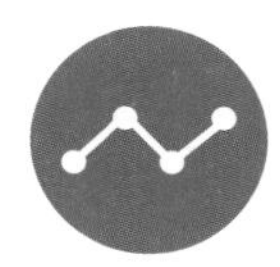

05 시각화Visualization: 목적에 최적화된 다양한 형태의 시각화

결괏값을 다양한 분석 목적에 따라 직관적으로 보여 줄 수 있는 다양한 차트와 그래프를 제공합니다.

- 가중치 부여 방식 선택 가능, 보유 데이터 시각화 가능

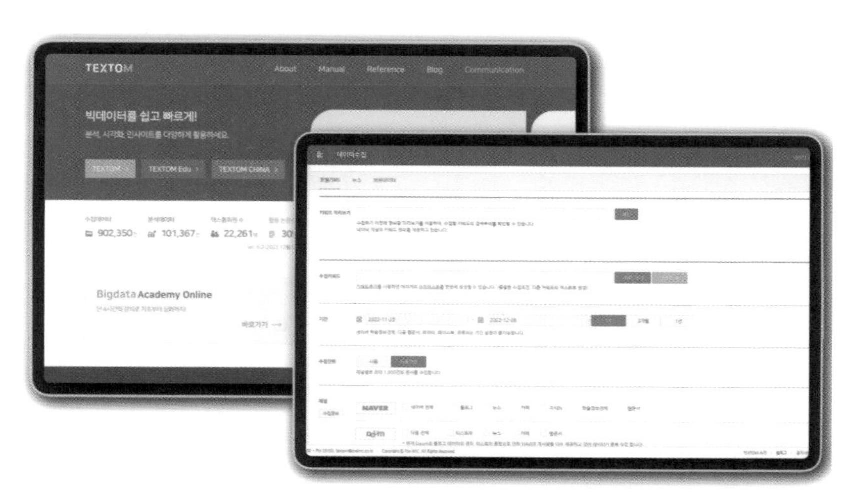

※ www.textom.co.kr 회원가입 시 무료로 체험할 수 있는 용량을 지급해 드립니다.

에이아이에듀톰

AI EDUTOM

초·중·고등학생을 위한 체험, 교육, 활용까지 가능한 AI 교육플랫폼

코딩이나 수학적 지식이 없어도 인공지능의 원리와 알고리즘을 깨우칠 수 있는 AI 교육을 지원합니다.
체험 콘텐츠를 통해 AI에 쉽게 다가가고 학습을 통해 나만의 AI를 만드는 활용까지 모두 한 플랫폼 내에서 진행할 수 있습니다.

AIㄲㅁㅇㄱ

AI 끝말잇기

친구와 끝말잇기 게임을 했을 뿐인데 인공지능이 만들어진다? 내가 학습시킨 단어 중 게임에서 승리할 수 있는 단어를 강화학습으로 찾아낼 수 있어요. 똑똑한 끝말잇기 AI를 만들어 나의 숨겨진 단어 실력을 뽐내세요!

AIㄲㅁㅇㄱ

영어 AI 끝말잇기

영어로 하는 끝말잇기를 통해 영어 실력도 쑥쑥. AI 끝말잇기의 영문 버전을 통해서 다양한 데이터의 활용을 경험해보세요. 데이터의 학습 과정에 대한 이해, 데이터 확인의 필요성을 배울 수 있어요.

AI야, 누구게?

AI야, 누구게?

내 목소리를 인식하는 AI 스피커는 어떤 원리로 만들어졌을까? 기계학습은 데이터를 많이 학습할수록 성능이 향상됩니다. 다양한 목소리로 학습데이터를 쌓아서 화자 분류 성능을 향상해 보세요!

AI 표정찾기

AI가 내 표정을 분석해서 감정을 판단할 수 있을까? 데이터 라벨링을 통해 인공지능에 다양한 표정을 학습시켜 보세요. 표정 분류 모델을 완성하여 내 감정을 알아보는 AI를 만들어 보세요!

AI 쓱싹캐치

AI 쓱싹캐치

'쓱-싹'하고 그린 스케치 데이터셋을 활용하여 나만의 AI 쓱싹캐치를 만들어 친구들과 공유해 볼 수 있으며 AI 제작 원리를 깨우칠 수 있습니다. 게임을 통해 스케치 데이터를 많이 확보할수록 더욱 재미있는 AI가 완성됩니다.

www.aiedutom.co.kr

MEMO

인공지능 시대를 선도하는 청소년의 필수 융합 교양

십 대를 위한 SW 인문학

1판 1쇄 발행 2023년 03월 03일

저 자 | 두일철, 오세종
발 행 인 | 김길수
발 행 처 | (주)영진닷컴
주 소 | (우)08507 서울특별시 금천구 가산디지털1로 128 STX-V 타워 4층 401호
등 록 | 2007. 4. 27. 제16-4189호

ISBN | 978-89-314-6772-7

YoungJin.com Y.
영진닷컴